Tobias Schrödel

Hacking für Manager

Viel Spaß beim Lesen!

Tobias Schrödel

Tobias Schrödel

Hacking für Manager

IT-Sicherheit für alle,
die wenig Ahnung
von Computern haben.

2., erweiterte Auflage

GABLER

Bibliografische Information der Deutschen Nationalbibliothek
Die Deutsche Nationalbibliothek verzeichnet diese Publikation in der
Deutschen Nationalbibliografie; detaillierte bibliografische Daten sind im Internet über
<http://dnb.d-nb.de> abrufbar.

Tobias Schrödel ist freiberuflicher Berater für IT Security & Awareness und arbeitet Teilzeit bei T-Systems. „Deutschlands erster Comedy Hacker" (CHIP 05.2010) erklärt die Systemlücken des Alltags auch immer wieder im Fernsehen für jeden verständlich.

1. Auflage 2011
2., erweiterte Auflage 2012

Alle Rechte vorbehalten
© Gabler Verlag | Springer Fachmedien Wiesbaden GmbH 2012

Lektorat: Peter Pagel

Gabler Verlag ist eine Marke von Springer Fachmedien.
Springer Fachmedien ist Teil der Fachverlagsgruppe Springer Science+Business Media.
www.gabler.de

Umschlaggestaltung: KünkelLopka Medienentwicklung, Heidelberg
Druck und buchbinderische Verarbeitung: Stürtz GmbH, Würzburg
Gedruckt auf säurefreiem und chlorfrei gebleichtem Papier
Printed in Germany

ISBN 978-3-8349-3342-3

Inhaltsverzeichnis

1 Vorspiel

1.1 Von Hackern und Datenschnüfflern

█ Worum es geht und wie die Spielregeln sind

Erinnern Sie sich, wie Sie als Kind den Kaugummiautomaten mit einer spanischen Münze aus dem Urlaub überlistet haben? Zugegeben, seit der Euro-Einführung wurde diese Sicherheitslücke gestopft, aber Sie verstehen was ich meine.

Schon als Kind war es eine spannende Aufgabe, den Automaten zu überlisten. Von schlechtem Gewissen natürlich keine Spur.

Es funktioniert, wie sollte es anders sein, nach dem Prinzip der Belohnung. Löse ein Problem und du bekommst Futter. Das Prinzip klappt nicht nur beim Menschen, auch Ratten, Meerschweinchen und Affen sind darin ziemlich gut.

Der Trick mit der spanischen Münze wurde nur unter der Hand weitergereicht, von Kumpel zu Kumpel. Ich verrate Ihnen hier, wie das mit den Kaugummis in der virtuellen Welt – im so genannten Cyberspace – funktioniert. Es lauern weitaus mehr Möglichkeiten als wir uns vorstellen.

Die Technik, die uns heute überschwemmt, lässt uns gar keine Chance mehr, alles so abzusichern, dass wir auch wirklich sicher sind. Und keine Sorge, es geht hier nicht nur um den Computer und Bits und Bytes. Sie müssen weder Computerfachmann noch IT Profi sein.

Manche Lücken stecken im Detail, manche Systeme hingegen sind so offen, wie das sprichwörtliche Scheunentor. Wir müssen uns allmählich Gedanken machen, ob wir jeder neuen Technik weiterhin mit dem Grundvertrauen eines Kindes begegnen können und dürfen.

Möchten Sie im Hotel kostenlos Pay-TV sehen? Oder den Fingerabdruck aus Ihrem neuen Reisepass entfernen? Nutzen Sie Bluetooth und tragen dadurch unfreiwillig eine Wanze am Körper? Wollen Sie endlich verstehen, wie das mit der PIN bei der EC-Karte funktioniert oder warum gelöschte Daten gar nicht gelöscht sind? Dieses Buch erklärt Ihnen verständlich, wie all das geht und funktioniert.

Allerdings geht es nicht nur um das Knacken irgendwelcher Verschlüsselungen oder gar von Zugangsbeschränkungen. Manches, was uns heute noch spanisch vorkommen mag, hat durchaus einen ernsten Hintergrund. Manche Geräte sind absichtlich komplizierter als es sein müsste. Aber oft ist die unverständliche Umständlichkeit ganz bewusst implementiert, um die Sicherheit des Systems zu erhöhen.

IT Menschen sind eben nicht in allen Fällen diejenigen, die uns nur deshalb unsinnige Vorgaben machen, weil sie niemals Mitarbeiter des Monats werden möchten. Nein, sie machen durchaus sinnvolle Vorgaben, zum Beispiel im Umgang mit Passwörtern. Leider sind sie nicht in der Lage, die Gründe ihres Tuns verbal zu äußern.

All dies ist nicht viel komplizierter zu verstehen als der Kaugummi-Trick mit der spanischen Münze. Wahrscheinlich sind Sie selbst schon länger tagtäglich Opfer von Hackern und Datenschnüfflern. Sie wissen es nur noch nicht.

Drehen wir den Spieß einfach um. Ich erkläre Ihnen, wie das alles funktioniert und mache Sie selbst zum Hacker. Dadurch sind Sie in der Lage, zu erkennen, wie Sie sich schützen können, welchen Risiken Sie und Ihr Unternehmen ausgesetzt sind.

Außerdem zeige ich, wie Sie den einen oder anderen Trick zu Ihrem persönlichen Vorteil nutzen können. »*Hacking für Manager*« eben, um das erste Klischee gleich mal zu bedienen.

1.2   Du kommst aus dem Gefängnis frei

▓ Was der Leser wissen muss

Der Autor weist ausdrücklich darauf hin, dass die Anwendung einiger der in diesem Buch vorgestellten Methoden illegal ist oder anderen Menschen wirtschaftlich schaden kann.

Dieses Buch stellt keine Aufforderung zum Nachmachen oder gar zur Durchführung illegaler Handlungen dar. Auch dann nicht, wenn eine ironische Schreibweise dies an mancher Stelle vermuten lässt.

Einige der vorgestellten Techniken sind relativ alt. Das ändert jedoch nichts an der Tatsache, dass sie heute noch funktionieren. Ich beschreibe sie, weil durch sie auch dem normalen PC-Anwender die Augen geöffnet werden.

Der Sinn und Zweck dieses Buches ist die Erhöhung der Aufmerksamkeit (»Awareness«) des Lesers bei der Nutzung und dem Einsatz von IT im privaten und geschäftlichen Umfeld. Dies ohne die Vermittlung unnötiger technischer Tiefen und Begriffe, die wirklich keinen interessieren.

Es ist kein Lehrbuch für IT Profis und Informatiker.

1.3   Oma Kasupke und die Expertenattrappe

▓ Warum IT Experten im Fernsehen nie die (volle) Wahrheit sagen (können)

Seit dem tragischen Unglück in Fukushima weiß jedes Schulkind, wie ein Atomkraftwerk funktioniert. N24 und n-tv überboten sich gegenseitig in grafischen Darstellungen, die kinderleicht erklären, wie so ein Siedewasser-Reaktor läuft – wenn er nicht gerade beschädigt ist.

Nur: War das auch alles wirklich richtig dargestellt? Die Teilchenphysiker unter Ihnen haben sicherlich sofort festgestellt, dass da hunderte Messfühler, Pumpen und sonstiges Zeugs auf der Grafik fehlen. Denn wenn es tatsächlich sooo einfach wäre, dann hätte sicherlich auch schon jeder Schurkenstaat ein eigenes Atomkraftwerk und müsste das Know-how nicht teuer aus Russland, China oder der EU einkaufen.

Macht nix, denken Sie vielleicht, es ging ja darum, das Prinzip zu erklären und auch für Nicht-Atomphysiker verständlich darzustellen, was da gerade passierte.

Nun, dieses Vorgehen versuche ich auch zu nutzen. Sei es in diesem Buch bei der Erklärung komplexer Themen, aber vor allem auch im Fernsehen, wenn ich als so genannter Experte etwas für Nicht-Informatiker und Computer-Laien erklären soll.

Es geht nicht darum, alles hundertprozentig korrekt zu erläutern, es geht darum, dass auch ein Laie versteht, was da gerade passiert. Dazu muss man ein paar Eventualitäten, ein paar Randbedingungen unter den Tisch fallen lassen.

Was aber bedeutet das für einen Wissenschaftler, einen echten Experten? Er wird die Darstellung als ungenau, ja eventuell sogar als falsch klassifizieren. Und das Schlimme daran ist, dass das auch noch richtig ist. Der Experte hat Recht.

Nun hat eine schematische Darstellung eines Siedewasser-Reaktors aber einen Vorteil: Jeder versteht, worum es geht. Auch Oma Kasupke.

Oma Kasupke ist eine fiktive Person, die in den Köpfen der TV-Redaktionen als Dummy-Zuschauer herhalten muss. Sie ist der DAFZ, der dümmste anzunehmende Fernseh-Zuschauer. Und bei jeder Erklärung soll der Experte an

Oma Kasupke denken. Würde sie verstehen, was er sagt? Wenn nein, verliert sie den Faden und damit auch den Bezug zur Sendung und schaltet um. Das ist der GAU, diesmal nicht für Reaktoren, sondern für Redaktionen.

Gerade IT Experten haben es im Fernsehen schwer. Von vier Millionen Zusehern sind sicherlich ein paar hunderttausend dabei, die sich selbst auch als Computer-Spezialist bezeichnen würden. Und sie alle merken, dass der Experte im Fernsehen Unsinn redet, wenn er sagt, dass als Schutz gegen den unbefugten Zugriff auf die eigene Webcam erst einmal Firewall und Virenschutz installiert werden sollten.

Das ist deshalb unsinnig, weil es nicht hundertprozentig schützt, es gibt sicherlich ein gutes Dutzend Angriffsvektoren um fremde Webcams zu steuern – Rootkits zum Beispiel, gegen die hilft kein Virenscanner und keine Firewall.

Der TV-Experte redet also Unsinn. Nur warum? Hat er keine Ahnung? Nein, in Gedanken ist er bei Oma Kasupke. Er hat sich vorher mit der Redaktion abgestimmt, was man dem Groß der Zuschauer einer Sendung tatsächlich zumuten kann und was für einen Großteil der Zuseher tatsächlich Hilfe bietet.

Nun gibt es neben Oma K. halt noch die anderen, die sich dann in Foren oder Webseiten auslassen und sich fragen, wie es dieser Vollpfosten ins Fernsehen geschafft hat. Schließlich ist das ja kein Experte, sondern nur eine Experten-Attrappe.

Nun ja, wahrscheinlich haben diese Menschen noch nie selbst Fernsehen gemacht. Da sind sie die Laien. Sie vergessen, dass nicht sie alleine die Zielgruppe eines TV-Senders sind. Sie vergessen Oma Kasupke, die vielleicht einen Computerkurs für Senioren bei der Volkshochschule besucht hat und gerade mal weiß, wie man ein Setup Programm von einer CD startet. Sie macht einen Großteil der Zuseher aus und ist definitiv keine Zuschauer-Attrappe. Oma Kasupke lebt – millionenfach in diesem Land und unter verschiedensten Namen. Und sie alle haben es verdient, dass einer ihnen in für sie verständlichen Worten erklärt, was Sache ist. Deshalb guckt Oma Kasupke Akte, SternTV oder Planetopia: wegen den Expertenattrappen.

Haben Sie sich eigentlich geärgert, dass der Siedewasser-Reaktor in den Nachrichten gar nicht so funktioniert, wie gezeigt? Ich nicht, denn bei dem Thema Atomkraftwerke bin ich Oma Kasupke und ich danke den Experten, dass sie sich vor Millionen Zuschauern dazu durchringen, ihren wissenschaftlichen Background zu verstecken und mir Informationen auf meinem Niveau servieren.

2 Geldkarten und -automaten

2.1 Epileptische EC-Karten

▓ Warum EC-Karten im Automaten so ruckeln

Auch mehr als ein Jahrzehnt nach Einführung des EURO sind mehr als 100 Millionen D-Mark nicht umgetauscht. Sie gammeln in alten Sparstrümpfen, Kaffeedosen und unter Kopfkissen vor sich hin. Eigentlich verwunderlich, dass einem nicht hier und da noch der ein oder andere DM-Schein untergejubelt wird.

Warum gibt es Bargeld eigentlich überhaupt noch, frage ich mich oft? Mittlerweile können wir ja praktisch überall mit EC-Karte bezahlen. Im Supermarkt, im Taxi, beim Pizzadienst, ja selbst Parkuhren akzeptieren mittlerweile dank der Geldkarten-Funktion lieber Plastik als Münzen und kunstvoll mit spezieller Farbe bedrucktes, noch spezielleres Papier. Das Ende des Bargeldes ist nah, ja sogar die Geldautomaten sind nur noch Auslaufmodelle. Sie veralten und wie bei einem Oldtimer quietscht und knackt es schon an den meisten Automaten.

Bei manchen ist es gar ein Wunder, dass die uns so wichtige EC-Karte in den Automaten gelangt und – oh Wunder – es auch wieder hinaus schafft. Da ruckelt die Karte wie ein angeschossenes Tier hin und her und müht sich im Schneckentempo in den Automaten zu kommen.

Erwarten wir zu viel Service? Schafft es die Bank nicht, uns »König-Kunde« einen Automaten zu präsentieren, bei dem unser wichtigstes Zahlungsmittel mit Samthandschuhen behandelt und geschmeidig eingezogen wird? Sie könnte. Es ist schlimmer: die Bank macht das mit Absicht nicht!

Wenn dreiste Verbrecher mit kleinen Kameras die PIN abfilmen, müssen sie auch den Inhalt des Magnetstreifens irgendwie zu Gesicht bekommen. Das einfachste ist es, diesen zu kopieren – doch dazu muss man die Karte in die kriminellen Finger kriegen. Einfacher ist es, wenn der eigentliche Besitzer die

Kopie gleich selbst anfertigt. Die Übeltäter kleben dazu einfach einen zweiten Kartenleser direkt vor den der Bank. Das Geldinstitut bebt vor Wut und lässt den Geldautomaten daher vibrieren.

Zitternde Karteneinzüge an EC-Automaten verhindern nämlich, dass Betrüger durch das Anbringen eines zweiten Kartenlesers vor dem eigentlichen Einzugsschlitz eine Kopie unserer Karte anfertigen.

Die frei erhältlichen und kleinen Aufsätze der Betrüger können die Daten des Magnetstreifens nur dann erfassen, wenn die Karte gleichmäßig durchgezogen wird. Das ewige hin und her erzeugt Datenmüll und die Kopie ist wertlos. Ein epileptischer Anfall unserer EC-Karte sorgt quasi dafür, dass unser Kontostand gesund bleibt.

2.2   Rot - Gelb - Geld

▓ Wieso die PIN nicht auf der EC-Karte gespeichert ist

Ist die EC-Karte endlich im Automaten, kommt das nächste Problem – die PIN. Vierstellig, zufällig von der Bank gewählt[1] und dummerweise niemals das eigene Geburtsdatum. Wer soll sich das merken können? Zum Glück kennt sie der Automat auch und gibt uns Bescheid, wenn wir sie nicht mehr wissen. Einmal, zweimal und weg.

Räumen wir erst einmal mit Irrglaube Nummer 1 auf. Die PIN ist **nicht** auf dem Magnetstreifen gespeichert. Wer nur die Karte besitzt kann die PIN nicht auslesen oder errechnen. Das ging mal, aber diese Zeiten sind seit längerem vorbei.

Irrglaube Nummer 2 lautet: Bankautomaten können die PIN nur überprüfen, wenn sie mit unserer Hausbank online verbunden sind. Wären sie das, dann müssten die Banken alle PINs ihrer Kunden zu jedem Wald-und-Wiesen-Automaten im hintersten Ausland übertragen. Das wäre viel zu gefährlich. Wenn es jemandem gelänge, in diesem Netzwerk eine Stunde mitzulesen – nicht auszudenken.

Der Automat weiß, ob die PIN die Richtige ist – obwohl sie nicht auf der Karte steht und auch nicht von der Hausbank überprüft wird. Wie geht das? Es gibt mathematische Einbahnstraßen. Formeln, die – wenn man sie mit zwei Werten füllt – ein Ergebnis liefern. Niemand – und ich meine tatsächlich niemand – kann anhand des Ergebnisses die zwei ursprünglichen Werte herausfinden – obwohl er die Formel und das Ergebnis kennt!

Das Prinzip dieser Formeln entspricht in etwa einer Farben-Misch-Maschine im Baumarkt. Sobald Sie sich ein neues frisches Orange für das Schlafzimmer ausgesucht haben, tippt die freundliche Verkäuferin die Nummer von der Farbtafel in eine Tastatur und Sie erhalten die Wunschfarbe der Dame des Hauses (*oder hat bei Ihnen der Mann schon einmal die Farbe des Schlafzimmers ausgesucht?*)

Der Automat mischt Ihnen aus den Grundfarben Rot und Gelb exakt Ihr gewünschtes Orange zusammen – immer und immer wieder, so viele Eimer Sie

---

1   Einige Banken erlauben selbst gewählte PIN Nummern.

wollen. Aber wenn Sie selbst versuchen, aus eben den gleichen Eimern mit Rot und Gelb das Wunsch-Orange *exakt* nachzumischen, werden Sie dies niemals schaffen. Ihr Orange mag dem aus dem Baumarkt ähnlich sehen, aber es ist nie exakt gleich. Obwohl sie wissen, *welche* Farben rein müssen, müssten Sie auf den tausendstel Milliliter genau wissen, *wie viel* von jeder Farbe rein muss – von Problemen beim Eingießen solch kleiner Mengen mal abgesehen.

Die Geldautomaten und Ihre EC-Karte vergleichen quasi ebenfalls Farben. Das Orange ist auf dem Magnetstreifen gespeichert. Es wurde vorher von der Bank gemischt und die Menge **einer** der hinzugefügten Grundfarben wurde Ihnen mitgeteilt – in Form einer PIN. Die Menge der anderen Grundfarbe steht zusammen mit dem Ergebnis – dem gemischten Orange – auf dem Magnetstreifen.

Tippen Sie nun die Menge Ihrer Farbe – Verzeihung – Ihre PIN am Automaten ein, dann kann die Bank die auf dem Magnetstreifen gespeicherte Menge der anderen Farbe hinzumischen. Das entstandene Orange wird nun mit der Farbe auf Ihrem Magnetstreifen vergleichen. Ist es identisch (und nicht nur ähnlich), dann geht der Automat davon aus, dass Ihre PIN die richtige war und Sie bekommen Ihr Geld. Deshalb ist es auch völlig egal, wenn jemand die Farbe auf Ihrer EC-Karte kennt, weil die exakte Mengenangaben (Ihre PIN) fehlt.

Nun könnten Sie ja auf die Idee kommen, einfach alle möglichen Mengen durchzuprobieren, bis das Orange exakt identisch ist. Leider scheitert das an der immens großen Zahl an Möglichkeiten. Selbst wenn Sie mehrere tausend Versuche pro Stunde haben, würden Sie Jahrtausende benötigen, um die richtige Lösung zu finden.

Vielleicht werfen Sie mir jetzt vor, ich kann nicht rechnen. Die PIN ist vierstellig von 1000 bis 9999. Es gibt also maximal 8.999 Möglichkeiten. Sie haben Recht. Tatsächlich ist das Verfahren etwas komplizierter. Es kommen noch Institutsschlüssel und Poolschlüssel ins Spiel.

Lediglich um es ein wenig einfacher zu machen, hatte ich Ihnen erklärt, die PIN *entspricht* Ihrer Farb-Mengenangabe. Tatsächlich wird mit weiteren Einbahnstraßenformeln gerechnet. Aber: Sie haben genau drei Versuche am Automaten, bevor die Karte gesperrt wird. Das entspricht einer Chance von weniger als 0,03% – nicht wirklich so attraktiv wie ein hübsches Orange.

2.3   Demenzkranker Käse

▨ Wie man sich PINs merken und sogar aufschreiben kann

Manchmal ist der Unterschied zwischen einem Luftballon und dem was wir im Kopf haben, nur die Gummihaut des Ballons. Wir stehen vor einem Geldautomaten oder möchten das Handy einschalten und uns will und will die PIN einfach nicht mehr einfallen. Dabei haben wir diese bestimmt schon mehrere hundert Mal eingetippt.

Das ist der Moment, in dem mir meine grauen Haare wieder einfallen. Die, die sich nächtens heimtückisch aber konstant und mit rasender Geschwindigkeit vermehren. Und fällt das Aufstehen nicht auch täglich immer schwerer? Ist es so weit? Bekomme ich Löcher im Kopf? Ist das der Beginn von Demenz und Kreutzfeld-Jakob?

Beim berühmten Schweizer Käse ist das marketingtechnisch ganz gut gelöst. Die Löcher entstehen in ihm durch Gasbildung beim Reifeprozess. *Reifeprozess* – klingt doch gleich viel besser als Demenz, oder?

Nun hilft dieses Schönreden nicht gegen den partiellen Gedächtnisverlust, die PIN muss her, schließlich soll Geld aus dem Automaten kommen oder das wichtige Telefonat muss geführt werden. Was also tun? Aufschreiben darf man die PIN ja nicht, sonst wird uns bei einem Kontomissbrauch gleich grobe Fahrlässigkeit unterstellt.

Oder etwa doch? Gibt es eine Möglichkeit die PIN aufzuschreiben und sogar im Geldbeutel neben der EC-Karte mitzuführen, ohne dass ein Taschendieb damit mein Konto plündern kann? Es gibt sie! Mathematisch bewiesen sogar unknackbar! Und wenn Sie einen echten Mathematiker kennen, dann wissen Sie, dass das Wörtchen »bewiesen« gleichbedeutend mit »wasserdicht«, »ohne Zweifel« und »gerichtsverwertbar« ist.

Sie müssen ein One-Time-Pad verwenden und was hier kompliziert klingt, ist eigentlich ganz einfach und ohne jegliche mathematischen Kenntnisse einsetzbar.

Denken Sie sich einen Satz oder ein Wort aus, welches aus mindestens zehn Buchstaben besteht und bei dem unter den ersten zehn auch kein Buchstabe doppelt vorkommt. »<u>Deutschland</u>«, »<u>Aufschneider</u>«, »<u>Flaschendruck</u>«,

»Plundertasche«, »Ich tobe laut« oder gar »Saublöder PIN« mögen hier als Beispiel dienen.

Dieses Code-Wort müssen Sie sich auf Gedeih und Verderb merken können, also sollten Sie nach etwas suchen, was Sie auch mit Luft im Kopf nicht vergessen. Die meisten Menschen kennen den Namen des ersten Partners, einen bestimmten Ort, den Anfang eines Gedichtes oder einen Fußballverein auch im Schlaf.

Nehmen wir »Deutschland« als Beispiel. Das ist einfach zu merken. Die ersten zehn Buchstaben sind DEUTSCHLAN. Nehmen wir weiterhin an, unsere Handy PIN lautet 6379. Wir können nun gefahrlos im Geldbeutel die Buchstabenkombination CUHA notieren. Das sind der 6., der 3., der 7. und der 9. Buchstabe aus unserem Satz. Solange ich diesen nicht dazuschreibe, ist es unmöglich, die PIN zu erraten.

Sollte diese aber einmal unverhofft in den tiefen Windungen meines Gehirnes verschollen bleiben, dann kann ich von meinem Zettelchen immerhin noch CUHA ablesen. Nun muss ich nur noch nachsehen an welcher Stelle von »Deutschland« das C, das U, das H und das A stehen. Es sind 6, 3, 7 und 9 – unsere PIN.

Leider hat das ganze doch zwei Haken. Streng genommen dürften Sie sich kein Wort ausdenken, sondern müssten zufällige und damit nicht merkbare Buchstaben-Würmer verwenden. Ein One-Time-Pad heißt dann auch noch deshalb so, weil es nur einmal (One-Time) und nicht zweimal eingesetzt werden darf. Ein Mathematiker wird Ihnen erklären, dass die Unknackbarkeit nun doch nicht mehr zu beweisen ist. Sie müssten jede PIN mit einem anderen Code verschlüsseln. So ein Käse.

2.4   Hände hoch, keine Bewegung!

▨ Wie Geldautomaten mit Fehlern umgehen

Jesse James selbst ließ seinen Opfern immer die Wahl. »Stehen bleiben, keine Bewegung *oder* ich schieße« hat er gerufen, *bevor* er seine Opfer nach Strich und Faden ausgeraubte. Bob Ford erschoss – so sagt es die Legende – den berühmten Jesse hingegen einfach hinterrücks.

Sich nicht zu bewegen ist sicherlich eine ganz sinnvolle Art der Leibesübung, wenn einer mit einem Schießeisen vor einem steht. Dann laaangsam Geld rausholen, immer alle Finger zeigen und leise beten. Selbst die Polizei in Rio de Janeiro gibt Raubopfern mit diesem Yoga-ähnlichen Verhalten eine 20%ige Überlebenschance. Immerhin besser als eine 20%ige Bleivergiftung mit gleichzeitigem starken Blutverlust.

Auch Maschinen befolgen diesen Ratschlag. Geldautomaten zum Beispiel. Sie kennen nämlich nur zwei Zustände. Entweder sie funktionieren reibungslos oder sie bewegen sich kein bisschen mehr – sie frieren den maladen Zustand ein. Das hat auch einen guten Grund: beides ist nachvollziehbar.

Eine Auszahlung am Geldautomaten ist eine komplexe Sache. Da kann einiges schief gehen. Es gibt Leute, die stecken ihre Karte rein und entscheiden sich dann spontan doch lieber zu gehen – belassen die Karte aber im Automaten. Weitere zwei Kunden verhalten sich ungewollt auffällig und wissen gar nichts davon. Sie kennen sich möglicherweise gar nicht mal. Für die Bank sieht es aber verdächtig nach Missbrauch aus, wenn direkt hintereinander bei zwei verschiedenen Karten drei mal der falsche PIN eingegeben wird und die Karten gesperrt werden müssen. Sicherlich Zufall, aber wie soll eine Maschine das erkennen? *Pattern matching* würde der Informatiker sagen, *Verhaltensmuster vergleichen* würde man ihn übersetzen.

Natürlich kann es auch mechanische Probleme geben. Wenn der Automat bedenklich knattert, bevor er das Geld ausspuckt, dann zählt er noch einmal. Das ist gewollt, schließlich möchte die Bank nicht *mehr* auszahlen, als vom Konto abgebucht wird. Eben so wenig will jedoch niemand vor dem Automaten *weniger* bekommen als vom Konto weggeht. Quid pro quo.

Auch wenn es fast nie vorkommt, hin und wieder verheddert sich jedoch ein Scheinchen oder es klemmt der Auswurfschacht. Bewegliche Teile haben nun mal mechanische Störungen, sei es durch Abnutzung oder körpereigene Opfergaben hinduistischer Stubenfliegen, die dummerweise leider auch mal Kontakte verkleben.

Wie soll sich ein Geldautomat in einer solchen Notlage verhalten? Er ist dumm wie ein Stück Brot und anders als bei Ihrem Windows-Rechner zu Hause können Sie nicht mal eben kurz Alt-Strg-Entf oder den Power-Button drücken. Wie ein Pilot hält er sich also strikt an einen vom Programmierer vorgegebenen Notfall-Plan. Meist und sofern noch möglich wird die Karte wieder ausgespuckt. Das macht ein eigenes Modul und läuft mehr oder weniger entkoppelt von den anderen Prozessen.

Ist der Automat aber nicht sicher, wie viele Scheine er vorne in die Ausgabeschale legen wird oder klemmt irgendein Rädchen, dann wird er sich an eine eiserne Regel halten: Keine Bewegung! Füße still halten und toter Mann spielen. Kurzum: Er friert sich ein und bewegt sich kein Stückchen mehr. Sofern eine online Verbindung da ist, kann es sein, dass noch kurz ein SOS nach Hause gefunkt wird, dann aber wird es still im Foyer der Bank und auf dem Monitor wird neben einer Entschuldigen ein »Out of order« eingeblendet.

Sinn und Zweck dieser Aktion ist nicht die Angst, dass einer mal 10€ zu viel erhält, nein, es geht um die Nachvollziehbarkeit. Bis hierher war klar, wie viel von welchen Scheinen in den Automaten kamen, es ist protokolliert und fehlerfrei überprüft worden, wer vorher wann und wie viel abgehoben hat. Ein Mensch kann nun versuchen nachzuvollziehen, was beim letzten Versuch daneben ging.

Der Pechvogel davor muss schlimmstenfalls einen anderen Automaten *auf-* und dort sein Glück *ver*suchen. Die Chancen stehen gut: Derartige Störungen treten extrem selten auf und es gibt ja schließlich auch genügend Automaten. Obwohl … meine Tochter meinte einmal, dass man die Armut auf der Welt dadurch bekämpfen könne, in dem man einfach noch mehr Geldautomaten aufstellt. Das lag wohl daran, dass bei uns bisher immer Scheine heraus kamen. Toi toi toi.

2.5 Durchschlagender Erfolg

▓ Was mit dem Durchschlag eines Kreditkartenbelegs gemacht werden kann

---

Ich fahre gerne Taxi. 17€ kostet die Fahrt zum Hauptbahnhof. Am liebsten zahle ich mit Kreditkarte, das spart das permanente Laufen zum Geldautomaten.

In den meisten Fällen geht das Bezahlen elektronisch, der Fahrer hat ein kleines Gerät mit Display am Armaturenbrett kleben. Karte durchziehen, Betrag eintippen, warten … kein Empfang, ein paar Meter vorfahren, Karte erneut durchziehen, Betrag eintippen, warten … unterschreiben, fertig. Sehr praktisch.

Nicht wenige Taxen haben aber immer noch das manuelle Verfahren. Ein Durchschlagpapier aus Großvaters Zeiten wird über die Karte gelegt und mit Druck werden die gestanzten Lettern der Plastikkarte durch drei Schichten kohlenstoffhaltiges Papier gedrückt. Ritsch. Ratsch. Unterschreiben, fertig. Ein analoges Verfahren im digitalen Zeitalter.

Der Chauffeur hält hier jetzt drei Seiten Papier in seinen Händen. Das Oberste, das Original, bleibt beim Taxiunternehmer, das Mittlere sendet dieser an die Kreditkartenfirma zur Abrechnung und das Untere, das gelbe Blatt bekommt letztendlich der Fahrgast in seine Hand gedrückt.

Die Hände voll mit Aktenkoffer und Mantel, die Sonnenbrille zwischen den Zähnen eingeklemmt, muss man dieses Blättchen nun irgendwo unterbringen. Am besten bei der eigentlichen Quittung, die schon Minuten vorher im Geldbeutel verstaut wurde.

Der Zug geht in vier Minuten, Hektik bricht aus. Warum nur? Reisekosten werden von der Firma nur mit der Quittung erstattet, der gelbe Kreditkartenbeleg bringt nichts. Er belegt nur die virtuelle Geldübergabe. Schauen Sie einfach mal in den Abfalleimer neben dem Taxistand. Sie werden feststellen, dass es dutzende Menschen gibt, die sich diesem Stress nicht aussetzen und den nutzlosen Beleg einfach entsorgen. Neben Eispapier und benutzten Taschentüchern liegen zerknüllte gelbe Zettelchen. Sauber durchgedrückt und unterschrieben.

Doch was nach Altpapier aussieht, entpuppt sich bei näherer Betrachtung als Rohdiamant. Eine exakte Kopie der Kreditkarte. Name, Kartennummer, Gültigkeitsdatum – alles ist zu sehen, sogar die Unterschrift des Karteninhabers.

Lassen Sie Ihren Zug fahren, der nächste geht eine Stunde später. Stattdessen bestellen wir uns lieber ein paar DVDs und Bücher aus einem Online Shop. Kostenlos und illegal, ganz egal.

Begeben Sie sich dazu in das nächste Internet-Cafe und öffnen die Webseite Ihres bevorzugten Buchversenders. Stülpen Sie sich nun die Identität des Kreditkarteninhabers über, der Ihnen freundlicherweise den gelben Durchschlag überlassen hat. Eröffnen Sie ein neues Kundenkonto unter dem Namen, der auf dem gelben Beleg steht.

Haben Sie die Anmeldungsmail an eine anonyme E-Mail-Adresse bestätigt, können Sie im virtuellen Warenhaus stöbern. Die gewünschte DVD in den Warenkorb packen und ab zur Kasse.

Wählen Sie »Geschenksendung« mit Lieferung am besten an Ihre unverdächtige Geschäftsdresse und geben Sie der Grußkarte ein paar nette aber unpersönliche Worte mit. »Danke für den tollen Vortrag« oder so etwas in der Art.

Wenn Sie dann die letzten Skrupel überwunden haben, geht es zur Bezahlseite, auf der Sie die gefundenen Kreditkartendaten eintragen. Zwei bis drei Tage später können Sie sich einen ruhigen Filmabend machen. Mit Chips, Cola, Erdnüssen und allem was dazugehört.

Sofern Sie es preislich nicht übertrieben haben, wird nichts passieren. Selbst wenn der Kreditkarteninhaber die Abbuchung reklamiert hat, wird der Betrag dem Geschädigten ohne weiteres wieder gutgeschrieben. Die Kosten für Nachforschung und Rückforderung der Ware wären um ein vielfaches höher als der Preis einer DVD. Das gesparte Geld können Sie ja in eine weitere Taxifahrt investieren.

2.6 Kommissar Zufall

▓ Wie die Kartenprüfnummer einer Kreditkarte funktioniert

Schlechte Kriminalfilme haben die Angewohnheit, den Plot der abstrusesten Geschichten durch eine zufällige Begebenheit zu lösen. Manchmal frage ich mich schon den halben Film, wie der Regisseur das auflösen will.

Und dann meldet sich ein Urlauber, der zufällig gerade ein Foto gemacht hat als der Mord geschah. Natürlich ist zufällig das Auto des Mörders samt Nummernschild hinter der abgebildeten Familie zu erkennen und noch viel zufälliger hat er in seinem 120-Einwohner Dorf im hintersten Eck Irlands von dem ungeklärten Mord in Buxtehude gehört.

Auch wenn ich für Kommissar Zufall im Fernsehen die GEZ-Gebühr zurückverlangen möchte, halte ich den Zufall bei Kreditkarten noch für einen der besseren Kriminalbeamten. Zufallszahlen verhindern nämlich den Missbrauch der eigenen Kreditkarte. Prophylaxe würde das ein Zahnarzt nennen.

Kreditkarten sind sowieso erstaunliche Dinger. Ein kleines, meist buntes, Plastikkärtchen das das eigene Wohlbefinden beinhaltet, da sie doch oftmals über den eigenen Kommerz entscheidet. Das wird einem erst deutlich, wenn der Automat sie behält, einem damit den Handlungsspielraum nimmt und attestiert, wir wären mit unserem Einkommen nicht ausgekommen. Das Kunststoff-Viereck wird aber nicht nur wegen mangelnder Bonität gesperrt. Das macht die Bank auch, wenn sie aufgrund eines ungewöhnlichen Ausgabemusters vom Missbrauch der Karte ausgeht. Damit einem dann die Wichtigkeit dieses Stückchens Plastik zumindest nicht allzu häufig derart drastisch vor Augen geführt wird, hilft der Zufall ganz bewusst mit.

Bereits seit ein paar Jahren sind auf der Rückseite von Kreditkarten dreistellige Zahlen[2] aufgedruckt. Kaufen Sie ein Flugticket im Internet, werden Sie nach dieser Zahl gefragt. Sie nennt sich Kartenprüfnummer (KPN) oder Card Verification Number CVN. Diese wird – neben der Bonität – online von der Bank verifiziert.

---

[2] Manchmal vierstellig, bei American Express auch auf der Vorderseite der Karte zu finden.

Was hier auf den ersten Blick wie eine zweite, kurze Kreditkartennummer erscheint, entpuppt sich dank zweier kleiner Eigenschaften als günstiges, aber effektives Sicherheitsmerkmal.

Die KPN wird von der Bank ausgewürfelt. Es ist eine Zufallszahl. Dadurch lässt sie sich auch nicht aus anderen Informationen der Karte errechnen. Da sie zusätzlich weder durchgestanzt, noch im Magnetstreifen gespeichert ist, wird sie auf keinem analogen oder digitalen Kreditkartenbeleg erscheinen. Ein Einkauf im Internet mit Hilfe eines alten Beleges ist nicht möglich, wenn der Shopbetreiber die KPN überprüft und abfragt.

Um an die KPN zu gelangen reicht der gelbe Zettel oder eine Kopie eines Beleges also nicht aus. Es ist notwendig, die Bezahlkarte physikalisch in die Hand zu bekommen. Unauffällig gelingt das nur Kellnern, Taxifahrern oder dem Tankwart.

Dabei kommt mir in den Sinn, Tankwart ist eigentlich auch ein schöner Beruf. Da stört es auch niemanden, wenn auf dem Tresen ein kleiner Monitor steht, auf dem die neuen (kostenlosen) DVDs laufen.

2.7   Dummdreist nachgemacht

▨ Warum Kreditkarten kopieren gar nicht so einfach ist

»Fußball ist wie Schach, nur ohne Würfel.« Diese 90-Minuten-Weißheit wird Lukas Podolski zugeschrieben. Dem Idol und Vorbild vieler junger Fußballer und Schwarm einiger pubertierender Mädchen! Schützt die Jugend vor derartigen Schwachmaten! Sollte man meinen, jedoch: Podolski hat das niemals selbst gesagt. Es war Jan Böhmermann vom Radiosender EinsLive – ein Podolski-Imitator, eine Kopie des Originals – offenbar jedoch eine ganz gute.

Ist die Kopie derart gelungen, nehmen viele die selbige auch als Echt an und so wird dem deutschen Fußballer wohl zu unrecht noch über Jahre ein IQ unterhalb der Rasensamen angedichtet. Das ist nicht nur ungerecht, sondern auch gemein. Ein guter Stimmenimitator übt teilweise wochenlang, um den Promi naturgetreu nachzuahmen. Übung macht auch hier den Meister und die Kopie ist nur schwer vom Original zu unterscheiden.

Das gleiche Problem wie Podolski haben wir alle mit den Plastikkarten, die unser finanzielles Ich darstellen – mit Kreditkarten. Hat ein Imitator eine Kopie gezogen, kann er sich ungeniert als Besitzer ausgeben und problemlos einkaufen. Ein winziges Lesegerät am Hosenbein des bösen Kellners in Kneipen liest die Daten aus und schon kann damit eine Blankokarte neu beschrieben werden. Aber reicht das wirklich aus?

Der Magnetstreifen von Kredit- und auch EC-Karten ist mit drei unterschiedlichen Spuren ausgestattet. Es gibt ihn in zwei Varianten: LoCo und HiCo. Das Co steht hier für den englischen Begriff der Koerzitivkraft. Das ist die Stärke des Magnetfeldes, die der Schreibkopf aufbringen muss, um dauerhaft Zeichen zu hinterlassen.

Ein HiCo Magnetstreifen bedeutet, einen ziemlich hohen Schutz gegen versehentliches Löschen der gespeicherten Information zu haben. Um HiCo Karten zu beschreiben oder zu löschen, muss nämlich ein sehr hohes Magnetfeld erzeugt werden. Genauso hoch ist der technische Aufwand, dies in einen kleinen Schreibkopf zu quetschen. Unter Fachleuten bedeutet HiCo deshalb nicht nur *HighCoercitivity*, sondern auch *HighCost*. Das Einsatzgebiet beschränkt sich daher auf die Karten, die in der Regel nur ein einziges Mal beschrieben werden müssen. *Kredit*karten zum Beispiel.

EC-Karten sind *Debit-* und daher LoCo–Karten, denn dummerweise muss hin- und wieder auf diese Karten geschrieben werden: die Anzahl der Fehlversuche bei der PIN-Eingabe zum Beispiel. Diese Notwendigkeit macht sie anfälliger gegen Magnetfelder aller Art. Sei es der magnetische Messerhalter des schwedischen Möbelhauses oder der unter dem Kassenband angebrachte Magnet zum Deaktivieren der Diebstahlsicherung (»Bitte keine EC-Karten auf das Band legen.«). Die in braunen Kunststoff eingebetteten Eisenoxid-Partikel der LoCo Karten werden hier platt gemacht, während die im meist schlichtem schwarzen gehalten HiCo-Streifen nicht mal Zucken.

Um all diese technischen Feinheiten müssen sich die Kartenkopierer nicht kümmern. Die Software der Lese- und Schreibgeräte kümmert sich um die De- und die Kodierung der drei Magnetspuren. Karte durchziehen, Blankokarte rein und schon ist der Doppelgänger geboren? Zum Glück nicht, denn es gibt ja noch das modulierte Merkmal.

Seit 1979 können deutsche Geldautomaten eine geheim in den Kartenkörper eingebrachte Substanz erkennen. Sie »sehen« somit sofort, ob es sich bei der eingeführten EC-Karte um eine Dublette oder das Original handelt. Geldautomaten in anderen Ländern haben diese Möglichkeit nicht. Sie sind für das MM-Merkmal blind und aus diesem Grund wird nahezu ausschließlich im Ausland mit kopierten EC-Karten Geld abgehoben.

Anders bei Kreditkarten. Sofern es sich noch um eine Kreditkarte ohne eingebrachten Gold-Chip handelt, dienen die Daten auf dem Magnetstreifen lediglich dazu, dem Verkäufer das händische Ausfüllen des Beleges abzunehmen. Die Daten werden gelesen und zur Unterschrift auf einen Beleg gedruckt. Zwar muss sich der Fälscher hier etwas mehr Mühe in der Gestaltung der Karte machen, der Aufwand und die erhöhten Kosten rechtfertigen sich jedoch leicht durch den kostenlosen Einkaufsbummel in Elektrofachgeschäften. Selbst die Unterschrift auf der Rückseite muss nicht nachgemacht werden, da sie vor dem Einkaufsbummel in der eigenen Handschrift des Übeltäters eingetragen wird.

Blankokarten gibt es für ein paar Cent im Internet zu kaufen. Sie sind weder illegal noch sonst irgendwie problematisch zu bestellen. Schließlich können sie ja auch zu anderen Zwecken eingesetzt werden, als zum Geld abheben. Hotels und Firmen nutzen sie als Türschlüssel, in Parkhäusern öffnen sie ratternde Rolltore und Krankenkassen speichern Mitgliedsnummern und Namen ihrer Kunden auf ihnen. Lediglich die Hüter des Gesetzes haben wohl einen anderen Blick für die weißen Kärtchen. So habe ich einmal in Münster

fast meinen Flug verpasst. Zwar war ich weit über 90 Minuten vor dem Ab-
flug am Flughafen, aber als der junge Zollbeamte in meiner Tasche rund 50
Blanko-Karten und ein Schreibgerät entdeckte, dauerte die Personenkontrolle
plötzlich länger als gewohnt. In seinen Augen blitze die nahende Beförderung
durch die Verhaftung eines kriminellen Geldkartenfälschers auf und es dauerte bis zum *last and final boarding call* um ihn von meiner Unschuld zu über-
zeugen.

Fälschen von Geldkarten will gelernt sein. Eine simple Kopie zeigt zwar die
gleichen Daten im Lesegerät an, Geld lässt sich damit in Deutschland zumindest nicht ergaunern. Sind dann bald auch noch alle Karten mit Chip ausgestattet, wird zumindest hierzulande niemand mit kopierter Karte einkaufen
oder Geld abheben. Für einen internationalen Schutz müssten aber auch alle
internationalen Geldinstitute ihre Automaten erweitern. Das kann noch ein
wenig dauern.

Lukas Podolski darf übrigens weiterhin imitiert werden. Straffrei bleibt das,
wenn der Promi dabei nicht in seinem Persönlichkeitsrecht verletzt wird.
Satirisch gesehen darf man ihn sogar sagen lassen, dass er niemals denken
würde. Obwohl, das hat er ja selbst schon gesagt[3]. In echt!

---

[3] »Nein, ich denke nicht vor dem Tor. Das mache ich nie.« Lukas Podolski auf einer
DFB-Pressekonferenz.

2.8 No hay dinero

■ Warum man im Ausland nicht immer Geld abheben kann

Dass kopierte Geldkarten bei den Banken immensen Schaden anrichten, das steht außer Frage. Sie tun auch einiges dagegen, führen unter anderem kryptografisch geschützte Chipkarten ein und lassen den veralteten Magnetstreifen in den Hintergrund rücken.

Dumm nur, dass gerade im fernen Ausland die Chips in der Karte nicht immer gelesen werden können und solche Automaten daher den grauen Streifen nutzen. Dies konterkariert die teuren Chips jedoch, weshalb die Banken sich anders schützen müssen. Die Geldinstitute schränken daher einfach den Maximalbetrag zum Abheben im fernen Ausland auf wenige hundert Euro ein oder lassen gleich gar keine Abhebung zu. Da kann es schon mal passieren, dass man mit seiner Giro-Karte in Hongkong am Geldautomaten steht wie nicht abgeholt. Trotz Plus auf dem Konto und noch lange nicht erreichtem Maximalbetrag pro Tag spuckt der Automat keine Scheinchen aus.

Zusätzlich ist bei einigen Banken ein Systemwechsel von Maestro zu V-Pay zu beobachten. Die Geldautomaten weltweit akzeptieren jedoch nur Karten, die mit einem System ausgestattet sind, mit deren Betreiber die dortige Bank auch Verträge hat.

Sie selbst sollten sich also vor dem Urlaub informieren, ob Ihr Kartensystem im Reiseland akzeptiert wird und ob die eigene Bank sich durch Sperren oder Limits absichert. Wer Teller spülen und Betten machen kann, der darf die Hotelkosten übrigens auch gerne abarbeiten – nur für den Fall der Fälle.

3 Office Anwendungen und Dateien

3.1 Altpapier und Recycling

■ Warum gelöschte Dateien gar nicht gelöscht sind

Tagtäglich entstehen in deutschen Haushalten 40.000 Tonnen an Altpapier. Ich persönlich glaube ja, dass rund 90% davon auf die wöchentlichen Einwurfzeitungen entfallen, die uns ungefragt in den Briefkasten gesteckt und trotz flehender Unterlassungsbitten in Form gelber Aufkleber in Hochhäusern pro Bewohner zusätzlich 3-fach in den Hausflur gelegt werden.

Der Rest kommt aus der Wohnung, besteht aus Tageszeitungen, unerwünschten Rechnungen und privater Korrespondenz. Letztere landet in aller Regel vorher unter einem Schreibtisch im Papierkorb, bevor sie dann zum Altpapiercontainer gebracht wird. Unser Papiereimer hat eine weitgehend unbeachtete Komfortfunktion. Landet etwas aus Versehen darin, können Sie es problemlos wieder herausholen. Möglicherweise müssen Sie es glätten, aber das ist auch schon alles.

Ihr Computer hat eine Funktion, die praktischerweise genau so funktioniert. Löschen Sie eine Datei, dann verschieben Sie diese in ein kleines Bildchen – ein Icon – das aussieht wie ein Papierkorb. Stellen Sie zu einem späteren Zeitpunkt fest, dass diese Datei doch nicht so unwichtig war, weil es sich um die Zugangsdaten zu Ihrem Schweizer Nummernkonto handelt – kein Problem.

Solange der Papierkorb nicht geleert – also zur virtuellen Altpapier-Presse gebracht – wurde, ist die gewünschte Datei mit wenigen Klicks wieder hergestellt. Selbst das Glätten entfällt, denn Dateien sind bekanntlich knitterfrei.

Das war es aber auch schon mit den Gemeinsamkeiten virtueller und echter Papierkörbe. Nach dem Ausleeren des echten Korbes quetscht eine Altpapierpresse mit einem Druck von etlichen Tonnen pro Quadratzentimeter den Inhalt auf die Größe eines Umzugskartons zusammen. Dieser Klumpen ist dann klein, aber schwer. Fachkundige sprechen vom »Dirk Bach Stadium« des Papier-Recyclings. Wer darin jetzt noch seine Schweizer Zahlenkombination suchen muss, hat echte Probleme.

Leeren Sie hingegen den Inhalt Ihres Windows-Papierkorbes, kommt keine Presse zum Einsatz. Die Dateien werden einfach von der Festplatte gelöscht und sind weg, futsch und fortan in den ewigen Jagdgründen. Sie haben sich mehr oder weniger von der Festplatte in Luft aufgelöst. Sehr umweltfreundlich, das fände sogar Greenpeace toll. Oder ist das alles gar nicht wahr?

Um diese Frage zu beantworten, müssen wir erst einmal verstehen, wie eine Festplatte funktioniert. Stellen Sie sich eine Festplatte einfach als riesige Bibliothek mit zig Millionen von Blättern Papier in Hochregalen vor. In jedem dieser Regale liegen nummerierte Blatt Papier, welches bei Festplatten als Sektor bezeichnet wird. Auf jedes Blatt können wir der Einfachheit halber genau ein Zeichen schreiben. Nehmen wir an, dass es ein Buchstabe ist.

Der Inhalt einer Datei, mit dem Wort GEHEIM zum Beispiel, steht in einzelnen Buchstaben auf sechs verschiedenen Blättern. Diese können – *müssen aber nicht* – hintereinander im gleichen Regal stehen. Je nachdem wie voll die Festplatte ist, verteilt der Computer die einzelnen Zeichen schlimmstenfalls auf sechs freie Blätter in unterschiedlichen Regalen. Um hier den Überblick zu behalten, ist es notwendig, ein Inhaltsverzeichnis zu erstellen. Der Computer notiert dazu auf einer Karteikarte im Bibliotheks-Register der Festplatte, dass die entsprechende Datei auf Blatt Nummer 220.471, Regal 17 beginnt.

Dort steht nun das G von GEHEIM. Weiter notiert er, dass die nachfolgenden Blätter die Nummern 12.023 (Regal 8), 8.886 (Regal 23), 1.488.914 (Regal 2), 194 (Regal 224) und 943.650 (Regal 8) haben und die Datei dann zu Ende ist.

Soll die entsprechende Datei ausgelesen werden, dann sieht der Computer im Register nach, in welcher Reihenfolge er die Regale ansteuern muss um dort die richtigen Blätter abzulesen. So weit so gut. Wird unsere Datei gelöscht, dann kann man annehmen, dass ein Bibliothekar losrennt, die bestehenden Blätter in den Mülleimer wirft und neue Blätter einsortiert. Pustekuchen.

Warum sollte der Bibliothekar mehr tun, als notwendig? Er radiert nämlich lediglich den Eintrag von der Karteikarte des Registers. Ein Schelm zwar, aber die Aufgabe ist erledigt, die Blätter gelten als frei, obwohl die Buchstaben von GEHEIM noch dort stehen.

Werden neue Daten auf der Festplatte gespeichert, wird es passieren, dass das ein oder andere Blatt, auf der noch ein Zeichen unseres Wortes steht, verwendet werden soll. Es gilt schließlich als sauber und verwendbar. Nur mit einem Bleistift bewaffnet rennt dann ein Mitarbeiter der Bibliothek los um vielleicht ein L auf das Blatt Nummer 12.023 (Regal 8) zu schreiben.

Dort angekommen, erkennt er, dass es bereits beschrieben ist. Ein großes E prangt auf ihm. Kein Zweifel, es handelt sich um Nummer 12.023, Regal 8, ein Fehler ist ausgeschlossen. Ein neues, leeres Blatt Papier ist nicht zur Hand. Das E wird daher wegradiert so gut es eben geht, dann ein schönes großes L darüber geschrieben. Schon geht es ab zum nächsten Regal – für den nächsten Buchstaben.

Ökologisch vorbildlich verwendet der Rechner immer wieder das gleiche Blatt. Altpapier gibt es hier nicht.

Lösen wir uns nun allmählich wieder von der Vorstellung, in einer Bibliothek zu sein. Dem Computer fehlt die Papierpresse, daher wird sein Papierkorb auch nicht wirklich geleert. Das muss er auch nicht, denn er wird niemals voll, weil die Blätter mehrfach verwendet werden. Dies wiederum bedeutet aber, dass eine gelöschte Datei gar nicht gelöscht ist. Lediglich der Wegweiser zu den Daten wurde aus dem Register radiert, das Blatt – *bei Bedarf* – überschrieben.

Nun wissen wir schon aus dem sonntäglichen Tatort, dass selbst ausradierte Schriften wieder sichtbar gemacht werden können. Der Leiter des Wiener Kriminalkommissariats, Dr. Siegfried Türkel, hat bereits 1917 eine wissenschaftliche Abhandlung darüber verfasst.

Und das geht – wenn auch nicht mit Infrarot-Fotografie wie beim Graphitstift – natürlich auch bei unserer Festplatte. Spezielle, zum Teil sogar kostenlose Programme können den radierten Wegweiser wieder herstellen. Wurden die Blätter zwischenzeitlich nicht erneut verwendet, stehen die Daten noch immer dort und können problemlos gelesen werden.

Das, was beim versehentlichen Löschen der Urlaubsfotos ein Segen ist, ist bei vertraulichen Daten ein Fluch mit unangenehmen Folgen. Vermeintlich gelöschte Daten können meist problemlos wiederhergestellt werden. Das ausradierte Register wird erneut vervollständigt – fertig. Erst wenn die Daten überschrieben wurden, sind sie unwiederbringlich weg.

Nun ja, nicht ganz, denn die Blätter in unseren imaginären Regalen wurden mit einem Bleistift beschrieben. Selbst wenn bereits ein neues Zeichen auf dem Blatt steht, so kann man das ausradierte darunter doch noch recht gut erkennen.

Bei Festplatten ist das ähnlich. Professionelle Firmen können selbst einmal überschriebene Daten in vielen Fällen wieder herstellen.

Ab Windows Vista und folglich auch mit Windows 7 überschreibt Microsoft beim Formatieren die Daten wenigstens einmal – sofern Sie nicht die Schnellformatierung gewählt haben. Beim Mac können Sie im Menü des *Finder* den Papierkorb sicher leeren lassen und auch das Festplatten-Dienstprogramm bietet die Möglichkeit, der Formatierung ein mehrfaches Überschreiben der Daten voranzustellen.

Ausrangierte Computer sollten Sie trotzdem nie bei eBay verschachern oder dem Kindergarten stiften, sofern Ihre alte Festplatte Personaldaten enthielt und lediglich normal gelöscht oder formatiert wurde.

Abbildung 3-1:   Gelöschte Dateien sind gar nicht immer gelöscht

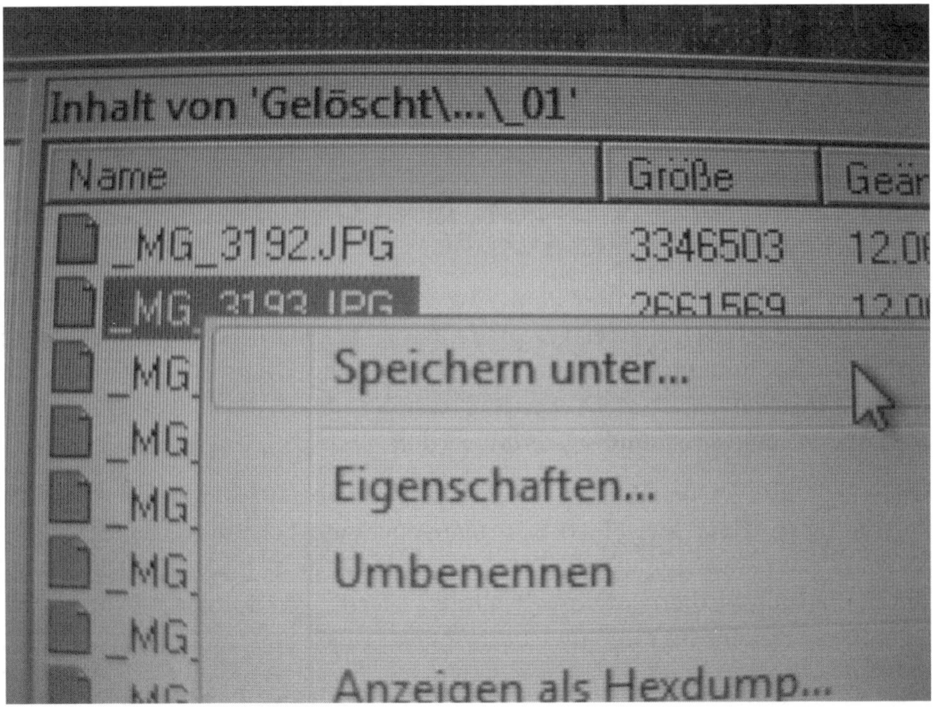

3.2 Rohstoffverschwendung im Sinne des Datenschutzes

▨ Wie Dateien wirklich sicher gelöscht werden können

Einige Firmen verzichten ganz bewusst auf Garantieansprüche. Fällt die Festplatte eines Rechners während der Gewährleistungszeit aus, dann kaufen sie auf eigene Rechnung eine neue Festplatte. Die alten und defekten werden im Sommer bei einem großen Barbecue in einem Schmelzofen vernichtet.

Was hier sowohl wirtschaftlich als auch im Sinne des Umweltschutzes unsinnig erscheint, schützt aber sehr zuverlässig vor Schelte und Häme in den Medien.

Der Grund für diese drastische Maßnahme liegt im »Tauschteile-Kreislauf«. Geht Ihre Festplatte mit Garantieanspruch kaputt, sendet der Hersteller eine Austausch-Festplatte – meist noch am selben Tag. Sie schicken dafür die defekte einfach zurück.

Um Geld zu sparen, versucht der Computerbauer Ihre Festplatte zu reparieren und an jemand anderen zu verschicken – um dessen Garantieanspruch zu genügen. Das heißt, Sie haben ziemlich sicher die alte, reparierte Platte einer wildfremden Person und Ihre landet auch wieder irgendwo auf diesem Planeten. Natürlich sind die Daten gelöscht – aber wie gut, das entzieht sich unserer Kenntnis.

Das Bundesamt für Sicherheit in der Informationstechnik (BSI) empfiehlt vor dem Löschen das siebenfache Überschreiben der Daten. Erst dann ist eine Datei wirklich sicher unlesbar und unwiederbringlich weg. Programme zum Wiederherstellen von Dateien können zwar trotzdem noch erfolgreich sein, der Inhalt der geretteten Datei wird jedoch völlig sinnfrei bleiben.

Dieses Überschreiben erledigen Programme für Sie, die es zum Teil sogar kostenlos im Internet gibt. Zufällige Kombinationen von Nullen und Einsen füllen die Datei dann bis zum letzten Byte.

Wenn das denn bei einer defekten Platte überhaupt noch geht! Das Henne-Ei-Problem kann ein derartiges Programm nämlich auch nicht lösen. Kann ich meine Daten mit solchen Programmen noch mehrfach überschreiben, wird die Festplatte so defekt gar nicht sein. Ist sie es doch, dürfte es aber selbst für versierte Anwender schwierig werden, das Programm zum mehrfachen Überschreiben darauf zu starten.

Wir müssen also darauf *vertrauen*, dass die Hersteller – und auch deren Subunternehmer – Verfahren einsetzen, die unsere Daten sicher und rückstandsfrei löschen. Doch, darauf *vertraut zu haben* ist die denkbar schlechteste Antwort, wenn der Vorstand von Ihnen wissen möchte, wie die Presse an die Umstrukturierungspläne gekommen ist.

Auch wenn sicherlich nicht alle Festplattenbauer über den gleichen Kamm geschoren werden können, werde ich doch regelmäßig zu alternativen Löschmethoden alter oder defekter Festplatten befragt.

Besonders gerne werden Festplatten mit Bohrmaschinen gelocht, was zwar ein Abheften ermöglicht, aber ebenso Spezialfirmen die Möglichkeit bietet, Daten um die Löcher herum auszulesen. Kostenpunkt: mehrere tausend Euro und keine wirklich sichere Lösung für wirtschaftlich genutzte Speichermedien.

Einen Magneten einzusetzen ist eine nette Idee, die aber nur mit immens starken und speziell geformten Magnetitkörpern Sinn macht. Ein Haushaltsmagnet – und sei er noch so stark – wird einer modernen Festplatte kein einziges Byte krümmen.

Es ist also lediglich eine Frage des Aufwands und der damit verbundenen Kosten, um an Daten gelöschter Festplatten zu kommen. Der australische Professor Gutman behauptet übrigens, dass nicht siebenfaches, sondern erst ein 35-faches Überschreiben der Daten ausreicht. Er könne sonst mit seinem Elektronenmikroskop immer noch Abweichungen in der Lage der geladenen Teilchen feststellen. Aber wer hat ein derartiges Vergrößerungsglas schon zu Hause.

3.3 Weitere Informationen finden Sie im Kleinstgedruckten

▒ Was an versteckten Informationen in Word Dokumenten steht

Jedes Kind weiß, dass eine heiße Badewanne erst dann so richtig gut tut, wenn man sich vorher vernünftig eingesaut hat. Das stimmt zwar, doch ist das angesprochene vorherige Einsauen für Erwachsene gar nicht so einfach. Muss man doch tief runter auf den Boden, und im Schlamm wühlen. Das kostet Überwindung und unnötig Auffallen tut man auch.

Es muss also einen wirklich guten Grund geben, wenn wir uns durch Erde wühlen sollen. Ein Schatz zum Beispiel, der im Vorgarten vergraben wurde. Schlammfrei geht das Wühlen in digitalen Briefen und Dateien. Dann brauchen wir mangels Dreck gar keine nasse Körperpflege, finden in aller Regel aber auch ein paar echte Schätze – Metadaten nämlich.

Die meisten Menschen schreiben mit Microsoft Office ihre Korrespondenz auf dem Computer. WinWord ist vom Prinzip her nichts anderes als ein Internet-Browser. Letzterer stellt Ihnen den Inhalt einer HTML-Datei aus dem Internet grafisch aufbereitet dar. Überschriften werden groß geschrieben, wichtige Stellen in roter Schrift dargestellt und unterstrichen oder an der richtigen Stelle ein Bild positioniert.

Das gleiche macht WinWord, allerdings nicht mit HTML-Dateien, sondern mit DOC-Dateien. Auch hier können Sie Schriftgröße, Schriftart und Farbe selbst einzelner Textstellen bestimmen und festlegen. Öffnet jemand diese DOC-Datei, sieht auf dem Monitor alles wieder so aus, wie Sie es verfasst haben.

Damit das so funktionieren kann, muss WinWord die Informationen über Schriftgrad, Farbe und Zeichensatz speichern – und zwar neben dem Text in der gleichen Datei. Diese Informationen werden Metadaten genannt und meist durch so genannte nicht-darstellbare Zeichen symbolisiert. Computer kennen ja nicht nur A bis Z, 0 bis 9 und ein paar Satzzeichen, sie kennen System-Zeichen, die zum Beispiel das Ende einer Datei markieren. So wie ein Straßenschild etwas symbolisiert, was ein Kraftfahrer erkennt und dementsprechend handeln kann.

Es gibt Programme, die auch die nicht-darstellbaren System-Symbole lesen können und diese in der Anzeige durch ein Symbol ersetzen. Ein HEX-Editor ist so ein Programm und was nach Hexerei klingt, hat letztlich gar nichts damit zu tun. HEX steht für hexadezimale Darstellung. Das ist nur ein anderes Zahlensystem, vergleichbar mit den römischen Zahlen. Hier wird die 19 ja auch anders geschrieben, nämlich XIX.

Öffnet man eine DOC-Datei mit so einem HEX-Editor, dann können Sie alle Steuerzeichen und Formatierungen sehen. Das wenigste davon erscheint für uns lesbar. Meist sind es Symbolreihen, die Word für Randbreite oder Schriftart interpretieren kann. Es gibt durchaus aber auch lesbare Stellen und die haben es wahrlich in sich.

Da steht dann zum Beispiel im Klartext der Dateiname des Dokumentes samt Verzeichnis, in dem es gespeichert ist. Erst einmal kein Problem und wahrlich kein Geheimnis. Anders sieht es aus, wenn Sie die Datei – leicht verändert – unter einem anderen Dateinamen neu gespeichert haben. In diesen Fällen finde ich nämlich mit dem HEX Editor den alten und den neuen Dateinamen.

Machen Sie das öfter kann ich zumindest die letzten zehn Dateinamen auslesen. Metadaten sei Dank. Diese gespeicherten Informationen benötigt WinWord übrigens, um Ihnen Komfort-Funktionen zu bieten. Ohne Metadaten wäre es nicht möglich, Textänderungen zu verfolgen, zurückzunehmen oder das Dokument automatisch alle fünf Minuten zu speichern. Metadaten sind also durchaus nützlich und wichtig. Eine Textverarbeitung ohne Komfortfunktionen würde heute niemand mehr verwenden.

Vor einigen Jahren erreichte mich die Bewerbung eines Mannes. Er wollte einen gut bezahlten Job als Systemintegrator haben. Standesgemäß schickte er also keine Mappe mit Papier, sondern eine E-Mail.

Der Anhang seiner Nachricht enthielt neben einem Foto und eingescannten Zeugnissen auch ein Anschreiben – und zwar als Word-Dokument in Form einer DOC-Datei. Lange haben wir diskutiert, ob er die fachlichen Kriterien erfüllt um eine Einladung zum Gespräch zu bekommen. Leider waren seine Angaben etwas wässerig und nicht ganz klar – wir uns daher nicht so sicher.

Erst ein Blick auf die Metadaten seiner Datei gab uns Klarheit. Herr Klotz (der in Wirklichkeit Klatz heißt, aber aus Datenschutzgründen hier Klotz genannt wird) verwendete als Dateinamen das Muster »*Eigene Dateien\Bewerbung\ Firma*«. Die entsprechenden Metadaten zeigten mir, dass Herr Klotz die Datei anfänglich »*Bewerbung\jbh.doc*« nannte.

JBH? Was soll das sein, habe ich mich gefragt? Ein Blick in die Zeitung zeigte schnell, dass eine Firma mit eben diesem Namen in der gleichen Zeitung wie wir eine Stelle ausgeschrieben hatte. Und genau diese Anzeige war es wohl, die den wechselwilligen Herrn Klotz dazu animierte seine Bewerbung zu tippen.

Anschließend änderte er Anschrift und Anrede. Dann ein Klick im Menü auf »*Speichern unter …*« und die im Wortlaut identische Datei landete unter anderer Bezeichnung, nämlich »*Bewerbung\Knorrbremse*« im gleichen Ordner unter »*Eigene Dateien*«.

Abbildung 3-2: Metadaten in einem Word Dokument

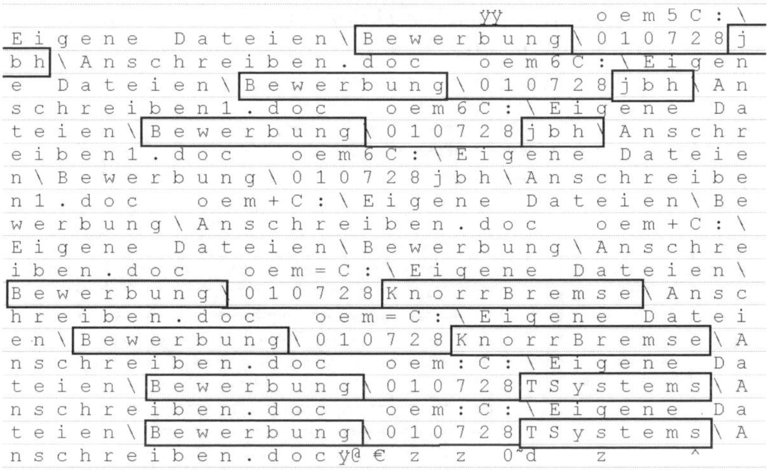
ÿÿ oem5C:\
Eigene Dateien\Bewerbung\010728j
bh\Anschreiben.doc oem6C:\Eigen
e Dateien\Bewerbung\010728jbh\An
schreiben1.doc oem6C:\Eigene Da
teien\Bewerbung\010728jbh\Anschr
eiben1.doc oem6C:\Eigene Dateie
n\Bewerbung\010728jbh\Anschreibe
n1.doc oem+C:\Eigene Dateien\Be
werbung\Anschreiben.doc oem+C:\
Eigene Dateien\Bewerbung\Anschre
iben.doc oem=C:\Eigene Dateien\
Bewerbung\010728KnorrBremse\Ansc
hreiben.doc oem=C:\Eigene Datei
en\Bewerbung\010728KnorrBremse\A
nschreiben.doc oem:C:\Eigene Da
teien\Bewerbung\010728TSystems\A
nschreiben.doc oem:C:\Eigene Da
teien\Bewerbung\010728TSystems\A
nschreiben.docÿ@€ z z 0˜d z ^

Der gute Herr Klotz wollte gar nicht zu uns. Die Stellenbeschreibungen, die ihn in erster und zweiter Linie ansprachen, gab es bei der Konkurrenz – bei JBH und bei KnorrBremse! Wir waren lediglich dritte Wahl! Hätten Sie den Bewerber eingeladen? Oder anders gefragt: Möchten Sie Alternativ-Arbeitgeber sein?

Unser Herr Klotz ist nicht alleine auf der Welt. Auch andere schicken Metadaten durchs Netz und wundern sich, dass wir Dinge erfahren, die uns nichts angehen.

Der frühere britische Premier Tony Blair kann ein Lied davon singen. Durch Metadaten wurde nachgewiesen, dass ein Dokument, welches seine Mitarbeiter dem damaligen amerikanischen Außenminister Colin Powell schickten, etwas nachgewürzt wurde. So verkündete Powell vor den Vereinten Nationen in New York, dass das irakische Regime unter Saddam Hussein die britische Botschaft ausspioniere.

Nicht wissend jedoch, dass kurz vorher noch »beobachten« und nicht »spionieren« in dem Bericht stand. Metadaten zeigen uns auch, welcher Mitarbeiter Tony Blairs für diesen politischen Pfeffer verantwortlich war. Colin Powell bezeichnet diese Rede heute als größte Pleite seiner Karriere.

Abbildung 3-3:   ***Mitarbeiter von Tony Blair hatten Probleme mit Microsoft Produkten, tauschen Dateien mit Disketten aus und geben die Struktur ihrer Benutzerkennnungen bekannt.***

```
                                                yy        cic22
J C : \ D O C U M E ~ 1 \ p h a m i l l \ L O C A L S ~ 1 \ T e
m p \ A u t o R e c o v e r y   s a v e   o f   I r a q   -   s
e c u r i t y . a s d   c i c 2 2 J C : \ D O C U M E ~ 1 \ p h
a m i l l \ L O C A L S ~ 1 \ T e m p \ A u t o R e c o v e r y
   s a v e   o f   I r a q   -   s e c u r i t y . a s d   c i c
2 2 J C : \ D O C U M E ~ 1 \ p h a m i l l \ L O C A L S ~ 1 \
T e m p \ A u t o R e c o v e r y   s a v e   o f   I r a q   -
   s e c u r i t y . a s d   J P r a t t   C : \ T E M P \ I r a
q   -   s e c u r i t y . d o c   J P r a t t   A : \ I r a q
-   s e c u r i t y . d o c   a b l a c k s h a w ! C : \ A B l
a c k s h a w \ I r a q   -   s e c u r i t y . d o c   a b l a
c k s h a w # C : \ A B l a c k s h a w \ A ; I r a q   -   s e
c u r i t y . d o c   a b l a c k s h a w   A : \ I r a q   -
s e c u r i t y . d o c   M K h a n   C : \ T E M P \ I r a q
-   s e c u r i t y . d o c   M K h a n ( C : \ W I N N T \ P r
o f i l e s \ m k h a n \ D e s k t o p \ I r a q . d o c   byy
```

Auch deutsche Behörden sind nicht zimperlich in der Weitergabe von Informationen in Form von Metadaten. Die Bundes-Netzagentur – früher bekannt unter dem Namen Regulierungsbehörde – veröffentlicht auf ihrer Webseite Word-Dokumente. Diese enthalten für Hacker durchaus sachdienliche Hinweise wie Lizenznehmer, Servernamen des lokalen Netzes und die interne Bezeichnung der dazu passenden Abteilungen.

Warum die Bundes-Netzagentur ihre MS-Office Lizenz auf den Namen »*Ein geschätzter Microsoft Kunde*« registriert hat, bleibt ein Rätsel. Da werden doch keine Geschenke in Form von Lizenzen an deutsche Regierungsbehörden geflossen sein?

Abbildung 3-4:   *Eine Behörde verrät Details ihrer Netzstruktur und den verwendeten Druckern in den Referaten 02 und 112*

```
01S003\REF02$\Netzbetreiberdef.doc Ein geschätzter Microsoft-Kun
de*\\ITBONN01S003\REF02$\Netzbetreiberdef.doc Ein geschätzter Mi
crosoft-Kunde*\\ITBONN01S003\REF02$\Netzbetreiberdef.doc Ein ges
chätzter Microsoft-Kunde*\\ITBONN01S003\REF02$\Netzbetreiberdef.
doc REGTPQ\\3000-INTRA\HOMEPAGEREGTP\Aktuelles\Netzbetreiberdefi
nition\Netzbetreiberdef.doc REGTP:C:\Programme\Microsoft FrontPa
ge\temp\Netzbetreiberdef.docy(Acrobat PDFWriter LPT1: PDFWRITR A
crobat PDFWriter Acrobat PDFWriter                            d


.doc BAPTg\\ITMAIN01C005\REF_112$\Internet-Veroeffentlichung\112
-1\Word-Seite(n)\Februar2001\Anzeigeformblatt.doc Ein geschätzte
r Microsoft-Kundeg\\ITMAIN01C005\REF_112$\Internet-Veroeffentlic
hung\112-1\Word-Seite(n)\Februar2001\Anzeigeformblatt.doc Ein ge
schätzter Microsoft-Kundeg\ITMAIN01C005\REF_112$\Internet-Veroe
ffentlichung\112-1\Word-Seite(n)\Februar2001\Anzeigeformblatt.do
cy(Brother HL-1260e \\Itsaar01c001\itsaar01d012 brohl96c Brother
HL-1260e Brother HL-1260e                          " Ð
```

Bei einem PDF-Dokument hätte ich das nicht finden können. Auch RTF- oder TXT-Dateien beinhalten keine oder nur wenige Metadaten.

Wenn Sie unbedingt ein Word Dokument verschicken möchten, können Sie das natürlich tun. Sie sollten es nur vorher säubern. Kopieren Sie den Inhalt des Briefes in ein leeres Dokument– ein schneller Dreifach-Klick am linken Rand hilft dabei.

In neuen MS-Office-Versionen finden Sie im Menü *Datei* einen Befehl, der *Metadaten entfernen* heißt. Dieser Befehl lässt sich als Plugin auch für ältere Office-Versionen nachladen. Suchen Sie dazu auf der Microsoft-Webseite nach *Office Hidden Data Removal Tool*.

Den Herrn Klotz habe ich übrigens doch noch zum Gespräch eingeladen. Zugegeben, Chancen auf die Stelle hatte er keine, aber ich wollte es mir einfach nicht nehmen lassen, ihn am Ende noch zu fragen, ob er denn von JBH und KnorrBremse schon etwas gehört habe. Auf Fragen vorbereitet zu sein, sieht anders aus.

3.4   Wer hat Angst vorm schwarzen Mann

▨ Wie man anonymisierte Textstellen in PDF Dokumenten sichtbar macht

Rassismus scheint in der Grundschule schon immer ein Problem gewesen zu sein. Da werden Negerküsse auf Schulfesten verkauft und im Sportunterricht bringen sich Kinder in Sicherheit, um nicht vom Schwarzen Mann gefangen zu werden.

Unwissende Eltern erscheinen sogar in den Sprechstunden und verlangen eine zeitgemäße Namensanpassung des zur Muskelerwärmung eigentlich klug eingesetzten Laufspiels.

Was political correct erscheint, schießt völlig am Ziel vorbei – oder besser am Ursprung. Als in Europa die Pest wütete, mussten die Totengräber die Leichen gleich Karrenweise zum Friedhof fahren. Um sich nicht selbst anzustecken, trugen sie schwarze Kutten mit gleichfarbigen Kapuzen und Handschuhen. Sah man diese nach Dienstschluss durch die Gassen nach Hause gehen, rannte man besser davon. Man kann ja nie wissen. Ein rassistischer Hintergrund bei der Namensgebung scheidet daher als Motiv aus.

Früher selbst Flüchtender in muffigen Turnhallen, macht mir der schwarze Mann heute natürlich keine Angst mehr. Als Kind allerdings hat mir dieses alte Spiel doch arg zu schaffen gemacht. Manchmal hatte ich abends das Gefühl, dass der schwarze Mann in meinem Kleiderschrank nur darauf wartete herauszukommen, um mich ganz fürchterlich zu erschrecken.

Ich zog mir die Decke über den Kopf. Das hat geholfen, was an der Tatsache liegt, dass Kinder glauben, man sieht sie nicht, wenn sie selbst wegsehen. Dabei hilft ihnen die Bettdecke. Einmal über den Kopf gezogen, fühlen sie sich sicher, geborgen und auch unsichtbar.

Eine phantastische Idee, die heute noch vom amerikanischen Militär verwendet wird. Zwar ohne Bettdecke, aber was man nicht sieht, ist nicht da – denkt man. Wohl wissend, was Herrn Klotz, Colin Powell und Tony Blair mit Metadaten in Word-Dokumenten passiert ist, veröffentlicht die Army ihre Dokumente im PDF-Format.

Das Portable Data Format von Adobe ist nahezu auf jedem Rechner lesbar und bietet die Möglichkeit, das Dokument in verschiedenen Stufen zu schützen. Der Autor kann bestimmen, ob der Leser Textbausteine kopieren, das

Dokument drucken oder sogar verändern darf. Und Metadaten wie in Win-Word? Fehlanzeige – zumindest nicht in dem Ausmaß, dass sie einem schaden könnten.

Geheimdokumente der Army werden in verschiedenen Stufen klassifiziert. Enthält das Dokument Informationen, die uns Zivilisten nichts angehen, wird es entweder nicht veröffentlicht oder die Informationen nur Soldaten ab einem bestimmten Dienstgrad zugänglich gemacht.

So kam es auch, als am 04. März 2005 an einem Checkpoint in Bagdad Schüsse fielen. Das Fahrzeug der kurz zuvor aus Geiselhaft befreiten italienischen Journalistin Giuliana Sgrena wurde beschossen, als es sich einem TCP – Traffic Control Point – näherte. Der italienische Agent Nicola Calipari wurde tödlich getroffen, Frau Sgrena verletzt.

Der Aufschrei – nicht nur in Italien – war groß. Wie nur konnte es passieren, dass das Fahrzeug beschossen wurde? Um das zu klären, wurde – wie bei jedem anderen Vorfall dieser Art auch – eine Untersuchung eingeleitet und ein Bericht angefertigt. Einige der dort genannten Informationen sind militärische Geheimnisse, daher wurde der Bericht klassifiziert.

Die Amerikaner sendeten den Italienern ein PDF-Dokument. Es war die freigegebene, nicht klassifizierte Version des Berichts. Neben den Namen der involvierten GIs und deren Kompaniezugehörigkeit wurden alle brisanten Passagen geschwärzt, also mit einem schwarzen Balken überpinselt. Wie bei der Bettdecke dachten wohl alle, dass das, was man nicht sieht, auch nicht da ist.

Pech gehabt, denn was da pechschwarz übermalt wurde, stellte sich kurzerhand als schwarzer Text auf schwarzem Hintergrund heraus und italienische Zeitungen konnten kurze Zeit später die eigentlich klassifizierte Original-Version veröffentlichen.

Die Amerikaner hatten zum Erstellen des PDF-Dokuments den Adobe Distiller oder PDF-Writer verwendet. Das ist nichts anderes als eine Textverarbeitung – bloß halt nicht von Microsoft. Diese Programme haben auch Komfort-Funktionen, also müssen sie zwangsläufig auch Metadaten beinhalten.

Ein in dem Bericht großflächig schwarz übermaltes Kapitel listet Tricks auf, mit denen Terroristen an anderen Checkpoints bereits Sprengsätze zur Detonation gebracht haben. Hier sollte wohl erklärt werden, warum die jungen GIs so nervös reagiert und das Feuer eröffnet haben. Um zu vermeiden, dass andere Attentäter von dieser Auflistung an anderen Orten profitieren könnten, wurde dem Absatz die Bettdecke übergestülpt.

Was Kinder und das amerikanische Militär aber nicht bedenken, ist die Tatsache, dass sich die Bettdecke ausbeult, wenn da jemand liegt. Jeder erkennt, dass da mehr drunter steckt als man sieht.

Wenn uns also interessiert, was in der Auflistung der Amerikaner steht oder wie die beteiligten Soldaten heißen, dann müssen wir den geschwärzten Stellen im PDF-Dokument nur die vermeintlich schützende Decke wegziehen. Dies geschieht durch markieren des Textes und ein hinüberkopieren in eine andere Textverarbeitung.

Was vorher nur hochrangigen Militärs zugänglich war, ist nun im Klartext für jeden lesbar, den es interessiert. Beim Umweg über die Windows Zwischenablage des Computers geht die Formatierung verloren, so dass das, was vorher Schwarz auf Schwarz war, nun Schwarz auf Weiß geschrieben steht.

Abbildung 3-5:   Anonymisierter Text aus einem PDF Dokument, sichtbar gemacht durch Kopieren über die Zwischenablage.

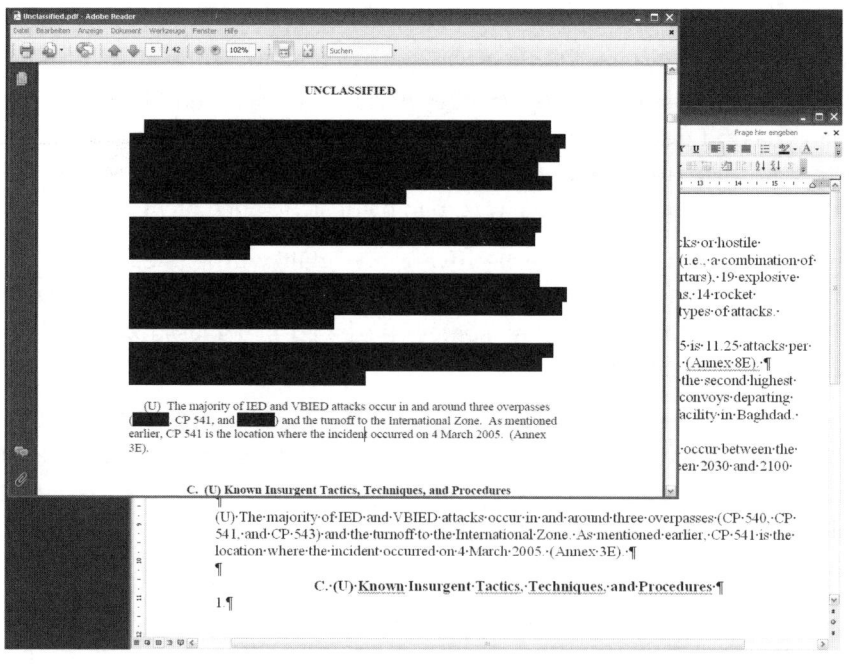

Auch wenn die Amerikaner unter George W. Bush wohl kaum ein Fettnäpfchen ausgelassen haben, solche Fehler passieren natürlich auch anderen.

Der Hacker Thomas Vossenberg hat im Jahr 1999 ein Buch veröffentlich, das *Hackerz Book*. Darin beschreibt er minutiös, wie es ihm gelang, das Online Banking System einer deutschen Bank zu knacken. Ein exzellenter Hack, der großen Respekt verdient.

Um die Bank nicht zu diskreditieren, wurde die Stelle ausgeschwärzt, was im gedruckten Buch sicherlich problemlos ist. Das *Hackerz Book* wurde aber auch als so genanntes eBook veröffentlicht. Das sind PDF-Dokumente, die auf jedem PC und speziellen elektronischen Lesegeräten lesbar sind – ein elektronisches Buch also.

Zwar beschrieb Vossenberg nicht, wie das mit den PDFs funktioniert, aber jeder, der den Trick kennt, ist problemlos in der Lage nachzulesen, um welche Bank es sich handelte. Für diese ein medienpolitisches Desaster. Das Online Banking System wurde natürlich sofort korrigiert, der Zugang nur noch rechtmäßigen Nutzern ermöglicht.

Später wurde die gehackte Bank dann an die UniCredit Gruppe verkauft. Die stammt aus Italien, dem Land, das schon den Amerikanern die Decke bei den PDFs weggezogen hat. Zufall? Oder haben die cleveren italienischen Manager gewusst, dass das Aktienpaket der Bank kurz nach einer Veröffentlichung des erfolgreichen Hacker-Angriffs deutlich günstiger zu haben sein wird? Complimente!

3

3.5 Mein Drucker hat Masern

▓ Was man bei Farblaser Ausdrucken alles herausfinden kann

In Deutschland sind heutzutage rund 90% der Schulkinder gegen Masern geimpft. Mein Drucker nicht. Jetzt hat er Masern. Nicht mit roten Punkten auf der Haut, dafür mit gelben Punkten auf dem Papier. Diese rufen zwar kein Fieber hervor, allerdings steigt die Temperatur jedes Datenschützers beim Gedanken daran auf 40,5°C.

Der medizinische Fachausdruck dieser Krankheit heißt »Tracking dot« – was auf Deutsch so viel bedeutet wie »verfolgende Punkte«. Befallen werden ausschließlich Farbdrucker, in aller Regel Farb*laser*drucker, aber auch bei einigen der neueren Farb*tinten*drucker wurde diese tückische Krankheit schon diagnostiziert.

Ist der Drucker erst einmal infiziert, druckt er winzig kleine Pünktchen zusätzlich zu Ihrem Text mit auf das Blatt. Viele hundert sind es, winzig klein und hellgelb. So klein und so hellgelb, dass sie mit bloßem Auge und bei normalem Licht nicht zu sehen sind. Erst eine starke Lupe oder ein Mikroskop helfen.

Unter einer blauen Lampe oder einer Geldscheinprüfleuchte ändert sich die Lichtbrechung und die gelben Punkte erscheinen schwarz. Wer dann die gesunden Augen nah genug an das Blatt bringt, erkennt sie vielleicht auch ohne optische Hilfsmittel.

Sind die Pusteln bei der menschlichen Masernerkrankung eher willkürlich gesät, so ergeben »Tracking dots« ein bewusstes, wiederkehrendes Muster. Ein rund 5x5 cm großes Stückchen Papier genügt, um anhand dieses Musters festzustellen, an welchem Tag, um welche Uhrzeit und mit welchem Drucker – inklusive Seriennummer – das Blatt bedruckt wurde.

Ist der verwendete Drucker mit EC-, Kreditkarte oder gar auf Rechnung bezahlt worden, war er jemals in Reparatur oder wurde er beim Hersteller registriert, dann ist auch Eigentümer schnell ermittelt. Jeder Ausdruck lässt sich somit neben dem wirklichen Druckdatum auch einer Person zuordnen.

Abbildung 3-6:   *Ein Tracking Dot, etwa 180-fach vergrößert, die kleinen dunklen Punkte sind Toner-Partikel.*

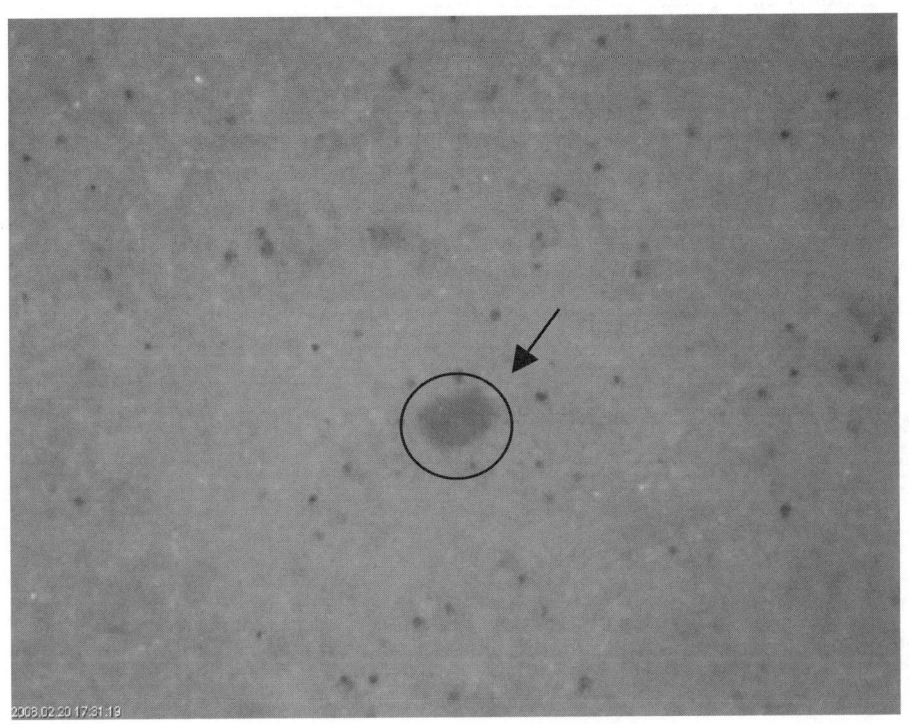

Eingeführt wurden »Tracking dots« nach dem 11. September 2001. Alle namhaften Druckerhersteller wurden von amerikanischen Behörden freundlich gebeten bei der Suche nach Falschgeldfabrikanten behilflich zu sein. Andere Länder, auch Deutschland, fanden die Idee so prickelnd, dass sich gleich gar keiner beschweren wollte.

Dass zufällig auch festgestellt werden kann, ob das Druckdatum einer beim Finanzamt eingereichten Rechnung mit dem aufgedruckten Datum übereinstimmt oder gar um zwei Jahre abweicht … ein Schelm, wer Böses dabei denkt.

Gegen Masern gibt es einen wirksamen Impfstoff, gegen »Tracking dots« nicht. Wenn Sie also noch die eine oder andere Rechnung erstellen müssen, suchen Sie am Besten im Keller nach dem guten alten Nadeldrucker. Auch wenn er recht laut ist, die Masern kriegt er bestimmt nicht.

3.6 Aufhebungsvertrag für Dokumente

▨ Warum Kopiergeräte immer eine Zweitkopie erstellen

Der Begriff Pleonasmus bedeutet die doppelte Verwendung einer Gegebenheit in einem Satz. Eine runde Kugel, die tote Leiche oder American Weeks bei McDonalds ist ebenso ein Beispiel dafür, wie eine Katzenherberge, die auch ein Miezhaus ist.

Apropos Miete: Immer mehr Firmen wechseln heute bei Druckern oder Kopierern vom Kaufvertrag zum Mietvertrag. Das spart nicht nur Geld, sondern auch oftmals Ärger und Aufwand bei der Wartung der Geräte. Die Vermieter kümmern sich darum, dass immer Toner im Gerät ist (was neuere Geräte selbst per E-Mail melden) und wenn es mal eine Störung gibt, dann wird sogar der Drucker-Notarzt automatisch gerufen – sofern nicht die Netzwerkkarte einem Virus erlag.

Oftmals wird dann pro Etage nur noch ein Drucker aufgestellt, auf dem alle drucken können. Auf den ersten Blick nimmt man den Mitarbeitern sicherlich das Privileg eines eigenen Druckers, der zweite Blick hingegen wird auch den Betriebsrat freuen, denn: Etagendrucker fördern die Gesundheit!

Je nach Position des Büros und Anzahl der Drucke, legt ein Mitarbeiter nun zwangsläufig mehrere Dutzend Meter zurück und bringt durch das Auf und Nieder auch den Kreislauf in Schwung. Aber das ist sicherlich nur eine gesundheitliche Randerscheinung. Tonerpartikel von Laserdruckern, die vorher noch einzelne, kleine Büroräume mit krebserregendem Kohlenstoff belästigt haben, finden sich fortan in einem aus feuerpolizeilichen Gründen mit geschlossener Tür vorzufindenden Raum – in dem sich auch noch niemand länger als nötig aufhält.

Stellen wir uns nun die Frage, warum das also nicht jeder macht und nur noch superriesige, superschnelle, supertolle und sich selbst wartende Drucker mietet oder least? Nun ja, nicht jedes Geschäftsmodell lässt sich damit vereinen. Am Express-Schalter der Autovermietung würde es wohl eher verwundern, wenn der Mitarbeiter den Schlüssel erst aushändigt, nachdem er kurz mal vorne links um die Ecke zum Drucker gehen würde.

Ganz andere Probleme sehen hier die Datenschützer. Es geht um die Platte. Moderne Drucker (und Kopierer!) haben allesamt eine Festplatte integriert.

Diese muss nicht zwangsläufig rotieren, es kommen auch Festspeicher zum Einsatz, so wie z.B. in einer Digitalkamera die Speicherkarte. Wie auch immer, ein Speichermedium ist jedenfalls drinnen. Und auf diesem Medium werden alle Ausdrucke gespeichert, schließlich werden diese ja auch digital verarbeitet. Ein Drucker ist also eigentlich ein Computer, auch wenn er anders aussieht.

So weit so schlecht. Druckt ein Mitarbeiter einen sensiblen Bericht aus – beispielsweise über das ungute Mitarbeitergespräch wegen permanentem Achselschweißgeruch schon am Morgen – dann soll das ja nicht zufällig anderen in die Hände fallen, die gerade den Essensplan der Kantine gedruckt haben und just in dieser Sekunde abholen.

Dafür gibt es Lösungen. Kontaktlose Ausweise oder notwendige PIN Eingaben direkt am Drucker, die den Ausdruck erst dann auswerfen, wenn die anfordernde Person davor steht. Oder einfache zeitliche Verzögerungen, die der Benutzer hinterlegen kann, weil er weiß, dass er es in handgestoppten 17,4 Sekunden vom Schreibtisch zum Drucker schafft.

Was aber, wenn das moderne Zauberkästchen seinen Geist aufgibt? Je nach Schwere der Verletzung wird vor Ort operiert und oftmals bringt nur eine Transplantation – also der Austausch einiger Teile – die erwünschte Heilung. Hin und wieder aber hilft auch das nichts mehr. Dann – spätestens jedoch zum Ende der Mietlaufzeit – wird das Gerät endgültig abgeholt und ausgetauscht. Aus den Augen aus dem Sinn. Und mit ihm geht die Speicherplatte, samt einem Abbild aller gedruckten Dokumente (abhängig vom Speicherplatz werden die Ältesten überschrieben). Dokument für Dokument als Datei meist im Postscriptformat fein säuberlich und auch noch chronologisch sortiert im Dateisystem. Auslesbar oder rekonstruierbar von jedem Servicetechniker und jedem, der sich dafür ausgibt. Der Mietvertrag sollte also eher Aufhebungsvertrag heißen – und zwar für Ihre Dokumente.

3.7   Wer lesen kann, ist klar im Vorteil

▪ Wie man mit falschen Fehlermeldungen Schadcode installieren kann

Bei der täglichen Arbeit auf einem Windows-Rechner bleibt es nicht aus, dass in regelmäßigen Abständen irgendwelche Fenster auftauchen und den Nutzer wegen irgendetwas um Erlaubnis bitten. Das nervt, und die wenigsten lesen den Text wirklich durch, um dann die richtige Wahl zu treffen.

Hacker nutzen das aus, indem sie mit falschen Meldungen den Nutzer dazu bringen, Schadcode mit den Rechten des Users auf dem Rechner zu starten.

Ein Objekt, das dazu gerne genutzt wird, ist ein PDF Dokument. Soll bei der Ansicht des Dokuments parallel noch eine Datei gestartet werden, wird der Reader nachfragen, ob Sie das zulassen wollen. Dabei wird der aufzurufende Befehl extra noch in einem kleinen Fenster angezeigt.

Dummerweise ist das Feld, das den Befehl anzeigt, sehr klein – drei Zeilen passen da hinein. Eine wunderbare Möglichkeit, nach dem Befehl noch einen Zeilenumbruch und eine erfundene Fehlermeldung anzuhängen. Letztere wird auch noch hervorgehoben. Wer es eilig hat und nicht aufmerksam den ganzen Text liest, hat ganz bald einen Schädling auf dem Rechner.

Abbildung 3-7:   Eine gefälschte Fehlermeldung in einem PDF Reader

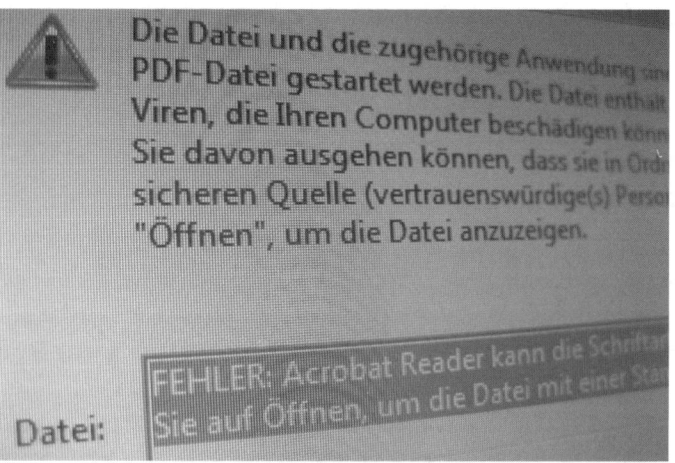

4 Passwörter & PINs

4.1 Passwort hacken

■ Wie schlechte Passwörter geknackt und sichere erstellt werden

»Ich geh mal fünf Minuten rüber zur Nachbarin. Dreht bitte in zehn Minuten den Herd runter, sonst kocht die Milch wieder zwei Stunden.« Hat die Nachbarin einen Prosecco parat, dann kommt Mama frühestens in drei Stunden wieder. Das wissen die Kinder und haben nun ausreichend Zeit, das Passwort der Internet-Kindersicherung herauszufinden.

Da wird probiert, was das Zeugs hält. Der Name des Hundes, der Katze, von Oma und Opa bis hin zu Geburtstagen und dem Hochzeitstag der Eltern. Das macht auch Sinn. Die Chance auf einen Treffer ist ziemlich gut.

Bei der Analyse von Passwörtern eines Mailservers kommen menschliche Schwächen ans Tageslicht. Ob der Name des geliebten Partners oder narzisstisch der Eigene – Namen sind sehr gerne verwendete Passwörter. Aber auch Wörter und Begriffe, die Mensch sich gerne merkt, werden gerne genommen.

Eine Liste mit rund 18.000 Passwörtern habe ich mir mal aus dem Mailserver eines DAX Unternehmens »besorgt«. Etwas erstaunt war ich, dass die Passwörter im Klartext in der Datenbank lagen. Eigentlich sollte dort nur ein Hash-Wert – also eine Art Quersumme – stehen. Es genügt vollkommen, das am Bildschirm eingegebene Passwort ebenso in seine Quersumme umzurechnen und diese mit der Datenbank zu vergleichen.

Das hashen von Passwörtern ist eigentlich eine standardisierte und anerkannte Vorgehensweise. Sie verhindert zum Beispiel auch, dass der Administrator an die Klartextpasswörter kommt. Er wäre ja sonst in der Lage, sich in jeden Account – auch der Geschäftsführung – ganz einfach einzuloggen. Die Spurensicherung der Polizei würde keinen Anhaltspunkt von Manipulation finden, wenn der Admin dem Chef etwas anhängen will. Alles sähe danach aus, dass der Boss selbst den Auftrag zur Überwachung der Mitarbeiter gegeben hat. Das Memo steht ja noch im Postausgang und Hinweise für einen Hack finden sich im Logfile ebenfalls nicht.

Die Stelle des Administrators ist sowieso eine ganz interessante. Entweder ist der Mitarbeiter seit Jahren dabei und das Rückgrat der hausinternen IT – also nicht zu ersetzen – oder eingestellt nach fachlichen Kriterien – wie ein Sachbearbeiter. Dabei hat der Administrator eines Firmennetzes mehr Macht als der Chef selbst. Er kann die Firma lahm legen, er kann mitlesen, fälschen und manipulieren. Natürlich trifft solche kriminelle Energie nur auf die allerwenigsten Administratoren zu, aber es ist schon komisch, dass die meisten Firmen Abteilungsleiter durch Assessment Center schicken, während Admins in der Regel nur das Standard-Einstellungsverfahren durchlaufen – obwohl ihre Macht zum Nachteil der Firma deutlich höher liegt.

Die untersuchten Passwörter stammen von ganz unterschiedlichen Menschen. Manager, Geschäftsleiter, Angestellte, Mechaniker, Jugendliche in der Ausbildung und so weiter. Mehr Männer zwar, aber es dürfte das Mann-Frau-Verhältnis in einem Großunternehmen recht gut darstellen. Einzige Vorgabe bei der Vergabe des Passwortes war die Länge. Es musste mindestens sechs Zeichen lang sein.

Da Mann sich den Namen der Liebsten ja meist ganz gut merken kann, ist das sicherlich die erste Wahl. Etwas mehr als 5% aller Passwörter waren Vornamen – männlich, wie weiblich. Kosenamen hingegen kommen seltener vor, gerade mal Fünf mal wurde »*liebling*« und lächerliche zwei Mal »*schatzi*« verwendet. Liegt wohl daran, dass »*schatzi*« vom Wortstamm her von *Schaf* und *Ziege* abstammt.

Abbildung 4-1: Treffer beim Passwort raten. Die Zahl neben dem Namen oder Wort zeigt die Anzahl der gleichnamigen Passwörter aus einer Liste mit 18.552 Stück.

Raten / Treffer **290**		Raten / Treffer **341**		Raten / Treffer **387**	
FRAUEN NAMEN		**MÄNNER NAMEN**		**WORTE / ZAHLEN**	
sabine	22	stefan	28	urlaub	14
claudia	25	christian	19	sommer	31
stefanie	13	tobias	23	winter	12
susanne	21	norbert	13	herbst	3
steffi	49	thomas	71	bayern	21
andrea	38	christoph	4	schalke	6
ulrike	8	walter	7	hamburg	4
katharina	5	juergen	19	berlin	12
cornelia	5	oliver	14	12345	5
brigitte	6	wolfgang	17	123456	172
alexandra	5	robert	15	meister	28
marion	16	werner	34	master	21
manuela	11	alexander	12	verkauf	54
christine	7	dieter	18	mallorca	4
simone	17	thorsten	5		
alexandra	5	steffen	14	Raten / Treffer **2179**	
kerstin	17	volker	11	**STARTPASSWORT**	
martina	20	charly	17	start123	2179

Tatsache ist aber, dass das Erraten von Passwörtern nicht nur Spaß, sondern auch Erfolg bringt. Die Trefferquote ist hoch und wer das Initialpasswort kennt, der erreicht auch schnell mal eine Trefferquote von rund 20%. Effektiver ist da aber noch eine Brute-Force Attacke. Das ist das strukturierte Ausprobieren aller möglichen Buchstabenkombinationen. Ein betagtes Notebook prüft alle ein- bis fünfstelligen Kombinationen in einer Zeit, in der das Frühstücks-Ei noch nicht mal ganz hart ist.

Was aber dem Frühstücksei das Salz, ist dem Passwort das Sonderzeichen. Besteht das Passwort nur aus Buchstaben und Ziffern, müssen lediglich 68 Zeichen (a..z, A..Z und 0..9) in jeglichen Kombinationen probiert werden. Fügt der Benutzer aber mindestens ein Sonderzeichen in das Passwort, sind es schon 94 Zeichen. Die Dauer geht demnach exponentiell in die Höhe. Ein Passwort mit sechs Zeichen ist in dreieinhalb Stunden garantiert gefunden, ein eingefügtes Sonderzeichen erhöht die Laufzeit gleich auf einen ganzen Tag. Die Schere klafft weiter, je länger das gesuchte Passwort ist.

Abbildung 4-2:   Benötigte Dauer zum Ausprobieren aller erdenklichen Buch-
staben- und Ziffernkombinationen eines Passworts

Passwortlänge	benötigte Zeit	
	68 unterschiedliche Zeichen	**94 unterschiedliche Zeichen**
1	8.5 Mikrosekunden	11.75 Mikrosekunden
2	0.58 Millisekunden	1.10 Millisekunden
3	0.39 Sekunden	0.90 Sekunden
4	2.67 Sekunden	9.76 Sekunden
5	3.03 Minuten	15.29 Minuten
6	3.43 Stunden	23.95 Stunden
7	9.73 Tage	93.82 Tage
8	1.81 Jahre	24.14 Jahre
9	123.14 Jahre	2260 Jahre
10	8370 Jahre	213350 Jahre
11	569380 Jahre	10.05 Millionen Jahre
12	38.72 Millionen Jahre	1.89 Milliarden Jahre

Heute knacken Hacker und Behörden mit Grafikkarten, nicht mehr mit Laptops, denn das Berechnen eines Passwort-Hashes ist dem Zeichnen einer Computergrafik sehr ähnlich. Dank perfekter 3D-Grafik, realen Schatten und Licht-Reflektionen in den neuesten Games, müssen Grafikkarten immer schneller rechnen können. Die Entwicklung der letzten Jahre war ganz enorm. Die Leistung der CPU stieg im Vergleich zur GPU (Graphic Processing Unit) nur minimal. Praktischerweise lassen sich auch mehrere – bis zu Acht und mehr – solcher Grafikkarten in einen Rechner einbauen.

Was früher mehr als vierundzwanzig Jahre dauerte, ist mit solch einer Grafik-Power in wenigen Stunden erledigt. Brutalo Games haben also dazu geführt, dass unsere Passwörter unsicher werden. Ein ganz neues Argument für die Gegner der Ego-Shooter. Es hilft also nur, das Passwort noch länger zu machen. Aber auch dafür rechnen Gut und Böse vor. Um nicht jedes mal alle Kombinationen erneut zu berechnen, werden die Ergebnisse gespeichert. Bei

einem Einbruchsversuch muss also nur nach dem Hash-Wert in einer inde-
xierten Datenbank gesucht werden. Das richtige Passwort wird so in wenigen
Millisekunden – unabhängig von dessen Länge – gefunden. Diese Tabellen
nennt man »*Rainbow-Tables*« , denn am Ende der Regenbogens steht ja immer
die Belohnung.

Übrigens, wer glaubt, sein System sei sicherer, weil es nach drei falschen Versuchen den Benutzer sperrt, dem sei gesagt, dass Hacker am liebsten einen
Admin Account hacken. Er hat einen ganz entscheidenden Vorteil: Er wird
niemals gesperrt.

Auch nach drei, zwölf oder gar hundert falschen Passwort Eingaben nicht.
Der Grund ist ganz einfach: Der Admin entsperrt Gesperrte. Wäre er selbst
gesperrt, könnte er sich selbst ja nicht mehr entsperren. Ein sperriger Satz
zwar, aber wahr.

4.2   8ungH4cker!

▨ Wie man sich sichere Passwörter merken kann

Wer in München Weißwurst essen möchte, der stehe besser früh auf. Ab Punkt 12:00h ist nämlich Schluss mit Lustig. Wer etwas auf sich hält und ein echter Bayer ist – oder so tun möchte – der isst ab dem Glockenschlag kein Fitzelchen mehr vom bayerischen Markenzeichen.

Zur Weißwurst gehört ein guter Hausmacher Senf und eine Brezn. Das hilft den Würgereiz zu unterdrücken, wenn man an den Inhalt der Wurst denkt und an das, woraus die Haut (norddeutsch: Pelle) besteht.

Ein echter Münchner Hausmacher Senf ist übrigens derart lecker, dass da schon mal ein halbes bis ganzes Glas draufgeht, wenn man zwei Weißwürste dazu hat. Die Wurst und die Brezn dienen quasi als Trägermaterial des Senfs.

Bei Passwörtern kann man sich diese Vorgehensweise auch zu Nutze machen. Überall benötigt man heutzutage ein Passwort. Wenn man alle mal aufzählt – auch solche, die man anlegen musste um eine einmalige Bestellung im Internet aufzugeben – kommt man locker über 30.

Problematisch wird es dann, wenn jedes System auch noch andere Voraussetzungen erfüllt haben will. Das eine muss mindestens acht Stellen haben, das andere zwischen vier und zehn Zeichen lang sein. Eines verlangt zwei Ziffern und mindestens ein Sonderzeichen, während das nächste System schon mindestens zwei der selten verwendeten Zeichen haben will.

Die Menschen arbeiten daher mit Tricks. Der eine schreibt die Kennwörter alle auf, der Nächste versucht immer den gleichen Anfang zu haben um dann am Ende die Systemvorgaben zu erfüllen. Und wenn die Systeme alle zu unterschiedliche Zeiten eine Änderung Passwortes verlangen, spätestens dann wird hinten hochgezählt. *geheim002*, *geheim003* und so weiter und so fort.

Dabei ist es ziemlich einfach, ein sicheres Passwort zu erstellen und es sich dann auch noch problemlos merken zu können. Denken Sie sich einen Satz aus oder nehmen Sie den ersten Satz aus Ihrem Lieblingsbuch oder Ihres Lieblingsliedes. Die Sprache ist dabei egal. Wichtig ist nur, dass es mindestens acht Wörter sein sollten. Wenn es sein muss, nehmen Sie halt zwei Sätze. Die jedoch sollten Sie auswendig kennen.

»Häschen in der Grube Fuchs du hast die Gans gestohlen« könnte so ein Satzkonstrukt sein. Nehmen Sie davon jetzt die Anfangsbuchstaben, haben Sie schon mal ein recht komplexes Passwort, meist sogar mit Groß- und Kleinbuchstaben.

HidGFdhdGg.

Das ist als Passwort schon mal ganz brauchbar, aber entspricht noch nicht wirklich den heutigen Anforderungen an ein sicheres Kennwort. Es fehlen weitere Zeichentypen, also Ziffern und Sonderzeichen. Nun, Sie können diese jetzt einfach immer nach festem Schema hinten anhängen *HidGsusFdhdGg!%91* zum Beispiel.

Alternativ können Sie aber auch Zeichen durch Ziffern oder Sonderzeichen ersetzen, die sich ähnlich sehen. Ein »I« zum Beispiel könnte man durch ein »!« schreiben und ein »G« sieht der »6« doch durchaus ähnlich. Unser Beispiel würde dann so aussehen: *H!d6Fdhd6g.* Ein sehr gutes Kennwort, an dem sich Passwortknacker zumindest mehrere Jahre die Zähne ausbeißen dürften.

W4s d!e Wur5t für den 5enf !st, k4nn a|50 e!n 54tz für e!n P455w0rt sein. Nicht Geschmacksbeigabe, sondern Trägermaterial fürs Hirn.

Tabelle 4-1: **Wie man sich gute Passwörter merken kann**

Gutes Passwort	Gedächtnisstütze
EgPh!ma7Z	Ein gutes Passwort hat immer mehr als 7 Zeichen
Fdhd6g,gswh	Fuchs Du hast die Gans gestohlen, gib sie wieder her
8ung!H4ck3R!	Achtung!Hacker!
T0b!a55chr03)3l	TobiasSchroedel

4.3   Honigtöpfe

▓ Wie man Ihnen Login Daten klaut und was Sie dagegen tun können

Im Urlaub eine Speisekarte zu lesen, kann manchmal ganz schön witzig sein. Gerade dann, wenn sie ins Deutsche übersetzt sind. *Spucke vom Tintenfisch* gibt es da und *Isolationsschlauch mit Soße vom Bologneser* (der Google Translator übersetzt das in Spaghetti!).

Auch in der IT gibt es Dinge zum Essen. Honigtöpfe zum Beispiel. Mit ihnen wird man möglicherweise sogar satt. Nämlich dann, wenn der Honigtopf hilft, die Login-Daten fremder Menschen zu klauen. Gehören diese zu einem WebShop, lässt sich neben Elektroware auch mal die ein oder andere Pizza bestellen. Natürlich kann man auch fremde Häuser bei eBay versteigern, was dem Hausbesitzer erfahrungsgemäß wenig Freude bereiten wird.

In Märchen und vorwiegend amerikanischen Bilderwitzen wird der gemeine Braunbär gerne als Honigdieb gezeigt. Angezogen vom himmlischen Duft, grabscht er sich ganze Bienennester und schleckt den leckeren, süßen Honig. Diese Metapher setzen so genannte Honeypots im Internet in die Tat um. Ein Webshop oder Diskussionsforum mit hochinteressantem Inhalt wird da geboten. Etwas, was brandaktuell ist und dazu auch vielleicht noch günstiger, als anderswo. Unabhängig von der angebotenen Ware, ist eines immer notwendig: Man muss sich registrieren, um in den Genuss des Angebots zu kommen.

Eigentlich erst einmal kein Problem, schließlich ist das nicht ungewöhnlich. Einen Usernamen muss man eingeben und sich ein Passwort ausdenken. Etwas, was wir schon dutzende Mal zuvor gemacht haben und uns alle sicherlich vor keine großen Probleme stellt. Wenigstens muss man keine persönlichen Daten wie Name, Adresse oder gar Kontonummern hinterlegen.

Die fleißigen Bienchen, die den Honigtopf betreiben, sind nicht nur fleißig, sie stechen auch. Ohne Schwellung an der betroffenen Körperpartie zwar, aber schmerzen kann es sogar mehr – wenn auch nicht körperlich. Möglicherweise erhalten neue Nutzer den Zugang zu gesuchten Informationen, die bestellte Ware erreicht ihn in aller Regel aber nicht. Die Seitenbetreiber geben nicht, sie nehmen – und das nicht zu wenig.

Ist der Registrierungsvorgang abgeschlossen, sticht die Biene zu, auch wenn die Schmerzen meist erst Tage später kommen. Die Betreiber von Honeypots, also Webseiten, die Menschen anlocken und eine Registrierung erfordern, wissen, dass wir immer und immer wieder die gleichen Daten verwenden.

Die E-Mail-Adresse, der Benutzername, ebenso das gewählte Passwort sind identisch mit den Logindaten vieler anderer Websites. Es lohnt sich, sie angegebenen Daten einmal bei Facebook, eBay oder Amazon auszuprobieren. In vielen Fällen liefert die Honigtopf-Datenbank die richtigen Login-Daten.

Unabhängig davon, ob man mittels falscher Lieferadressen finanziellen Schaden anrichtet oder aus Spaß einen Menschen durch unrichtige Nachrichten oder Diffamierungen auf Facebook sozial ausgrenzt, der Besitzer des Logins wird sich wochenlang massivem Ärger ausgesetzt sehen. Sein Problem wird sein, zu beweisen, dass wohl jemand Fremdes in seinem Namen gehandelt hat.

Schützen kann man sich vor Honigtöpfen nur, wenn man tatsächlich immer ein anderes Passwort verwendet. Das klingt kompliziert, ist es aber gar nicht. Wie man ein komplexes, sicheres Passwort baut, haben Sie bereits gelernt[4]. Es schützt jedoch noch nicht gegen Honeypots. Eine Änderung der Vorgehensweise bei der Passwortbildung, die nur Ihnen bekannt ist, tut das dann aber doch. Setzen Sie immer wieder an der gleichen Stelle einen anderen Buchstaben in das Passwort. Damit es für Sie leichter ist, nehmen Sie den ersten oder letzten Buchstaben des Portals oder Programms, für welches das Passwort gedacht ist.

Lautet ihr Passwort zum Beispiel *H!d6Fdhd6g*, dann könnte es für <u>e</u>Bay *H!d6eFdhd6g* lauten, für <u>A</u>mazon hingegen *H!d6AFdhd6g* und für <u>F</u>acebook *H!d6FFdhd6g*. Sofern die Vorgehensweise für Außenstehende nicht direkt erkenntlich ist, werden Ihnen virtuelle Honigtöpfe nichts mehr anhaben können.

Aber zurück zu den Menükarten: In Kassel bietet ein Speiselokal auf seiner Kinderkarte ein Rindergulasch mit dem Namen »Schweinchen Dick« an. Da käme auch kein Passwortklauer drauf.

---

4   Siehe: »8tungH4cker!«

4

4.4   Das Übel an der Wurzel

▪ Wie man erkennt, ob Passwort-Safes gut sind

In meinem Büro steht eine Pflanze, ein Benjamin Ficus. Ein Bäumchen, dem man zuschreibt, nicht wirklich stabil zu sein und bei jeder Änderung des Luftzugs einzugehen. Nicht so mein Ficus. Er hat mittlerweile fünf Umzüge hinter sich und beweist aufgrund längerer Abwesenheit meinerseits tagtäglich, dass Leben nahezu überall möglich ist.

Die Wurzeln sehen wochenlang kein Wasser, nur ab und zu tropft ihnen der letzte Rest meiner Kaffeetasse entgegen – mit Milch, Zucker und einer Menge an Bitterstoffen, die jedem Barista die Tränen in die Augen treiben würde. Vielleicht liegt es also an der Ansprache, die er erfährt. Auch wenn ich nicht direkt mit dem Pflänzchen rede, mittlerweile bin ich zu der Überzeugung gelangt, dass der Ficus sich angesprochen fühlt, wenn ich stundenlang mit Herrn Regenbogen von der Versicherung telefoniere, deren System ich betreue.

Die Wurzeln meines Ficus, scheinen aus jeder erdenklichen Quelle Feuchtigkeit zu beziehen und damit den Stamm und die Blätter zu versorgen. Das macht es wohl aus: gesunde Wurzeln als Quell des Lebens, verborgen im Erdreich und nicht zu sehen. Ich schenke ihnen das Vertrauen, dass mein Bäumchen mich noch viele Jahre erfreut und begleitet.

So ein Vertrauen auf die Wurzeln ist aber nicht nur bei Pflanzen wichtig und notwendig. Gerade bei Software muss dieses Gottvertrauen auch da sein. So setzen deutsche Rüstungs- oder Finanzunternehmen bei kritischen Systemen, wie Firewalls oder Intrusion Detection Systemen immer mindestens ein Produkt ein, welches **nicht** von israelischen oder amerikanischen Herstellern kommt – oder gar von chinesischen. Sie vertrauen darauf, dass deutsche Firmen keine Hintertüren einbauen (müssen).

Im privaten Umfeld sieht es dagegen nicht ganz so gut aus. Da werden Passwort-Safes eingesetzt, um die Bankdaten sicher zu verwahren. Der Hersteller kommt möglicherweise aus einem Land, dessen Verfassung vorschreibt, dass die eigenen Geheimdienste alles mitlesen dürfen und müssen. Es muss also eine Hintertüre geben, die nicht öffentlich bekannt ist. Oftmals wird ein Teil des zur Verschlüsselung eigentlich sicheren Schlüssels hinterlegt. Die geheimen Dienste schaffen es dann in einer für sie annehmbaren Zeit, die Daten zu knacken.

Nun kann man durchaus argumentieren, dass sich der amerikanische Geheimdienst nicht für meine Kontoinformationen interessiert, schließlich bekommt er die durch das SWIFT Abkommen ja sowieso. Aber würden Sie einem Schlüsseldienst vertrauen, der vom neuen Schloss einen Zweitschlüssel für sich behält?

Viele Menschen nutzen zur Sicherung all ihrer Passwörter und PINs einen Passwortsafe. Ein kleines Programm auf dem PC oder gar dem Handy, mit dem man durch Eingabe eines langen, sicheren Passworts alle anderen im Klartext nachlesen kann, sollte mal eines in Vergessenheit geraten sein. Haben Sie sich schon mal gefragt, wer der Hersteller des Passwort-Safes ist?

Lassen wir mal die Geheimdienste außen vor, für die die meisten von uns ohnehin keine Zielgruppe darstellen. Nein, lassen wir gleich mal alle potentiellen Angreifer ungenannt. Sie selbst haben Ihren eigenen Gegner ja eh schon selbst für sich definiert. Vielleicht der Ehepartner, die Kinder oder einfach ein Unbekannter, falls Sie mal die Aktentasche auf dem Autodach vergessen. Auch wenn der potentielle Angreifer für Sie noch so nebulös erscheint, es gibt ihn, sonst würden Sie Ihre Passwörter nicht in einem Software-Safe schützen. Sie könnten diese sonst im Klartext im Notizbüchlein notieren.

Gegen wen oder was auch immer Sie Ihre PINs und Passwörter schützen möchten, es gibt hunderte kleine Programme zum Schutz der Selbigen. Teure mit Handbuch und CD, billige oder kostenlose von den Shareware-Seiten des WWW, aber auch Apps für das iPhone oder als Download für das Handy.

Diese Programme leisten das, was sie sollen. Nach Eingabe eines meistens besonders langen Passworts werden alle anderen angezeigt. So weit, so gut. Nur vertrauen Sie hier auf Wurzeln, deren Ursprung Sie vielleicht nicht kennen. Meinen Ficus kenne ich, aber kennen Sie den Hersteller Ihres Passwort Safes? Sind Sie sicher, dass er Ihre Geheimnisse auch wirklich geheim hält?

Für den Benutzer ist in aller Regel nicht nachvollziehbar, nach welchem Sicherheitsstandard das Programm die Daten schützt. Liegen sie verschlüsselt auf der Festplatte ist das zwar schon die halbe Miete, unsichtlich ist jedoch die Methode, mit der sie chiffriert wurden. Einige Shareware- oder Freeware-Programme zeigten in Tests dramatische Schwächen. Manche haben gar keine Verschlüsselung verwendet, andere hingegen Methoden, die seit Jahren als unsicher und problemlos zu knacken gelten.

Vertrauen Sie daher – denn etwas anderes als Vertrauen bleibt Ihnen meist gar nicht übrig – auf Hersteller, die Sie kennen. Am besten auf Firmen, die ihre Einnahmen bevorzugt mit Verschlüsselungs- oder Anti-Virensoftware bestreiten. Sie wissen in aller Regel, wie eine gute Verschlüsselung implementiert wird und haben auch gesteigertes Interesse daran, dass ein kleines Tool den Haupterwerbszweig nicht schädigt.

Das Fraunhofer-Institut bietet übrigens einen Passwortsafe für das Handy an. Der MobileSitter kostet zwar einen kleinen Betrag, dafür bietet er neben einer sicheren Verschlüsselung aber auch zwei nette Gags nebenbei. Einerseits öffnet er aufgrund deutscher Gesetze keinem Geheimdienst ein Hintertürchen und zweitens führt er Hacker in die Irre.

Bei der richtigen Eingabe des Haupt-Passwortes zeigt Ihnen das Programm nicht nur alle Passwörter und PINs an, zusätzlich zeichnet es einen hübschen Hintergrund. Hätten Sie sich vertippt – oder versucht gerade eine unberechtigte Person an Ihre Daten zu kommen – dann verhält sich der MobileSitter anders, als andere. Es gibt keine Fehlermeldung, vielmehr präsentiert er dem Angreifer alle Ihre PINs und Passwörter. Klingt unlogisch, ist es aber nicht, denn alle angezeigten Zugangsdaten sind falsch. Keine PIN stimmt, kein Passwort ist echt. Und dass das Hintergrundbild dieses Mal ein anderes ist, kann einem Hacker nicht auffallen. Der optische Rückkanal hilft nur Ihnen, falls Sie sich einmal vertippen sollten. Von der Wurzel bis zur Spitze, eine wunderbare Idee.

4.5 Erst eingeschleift, dann eingeseift

▨ Warum selbst gute Passwörter gegen KeyKatcher keine Chance haben

Geben ist seeliger, als nehmen. So heißt es. Im Seerecht wird das noch verschärft. Wer dort gibt, dem wird zusätzlich auch noch genommen. Taumelt man mit seiner Yacht manövrierunfähig auf den Wellen und benötigt Hilfe, sollte man tunlichst warten, bis der Retter einverstanden ist, Sie in den nächsten Hafen zu ziehen. Also nicht wundern, wenn – trotz allgemeiner Panik auf der Yacht – der Kapitän des rettenden Fischkutters erst einmal den Preis verhandeln will. Stimmt die Kohle, dann schmeißt der Retter die Leine und das Bötchen bleibt Ihr Eigentum.

Schmeißen Sie aufgrund erhöhter Adrenalinwerte schon vorher ein Tau, tja, dann gehört Ihre Yacht dem Retter. Eine ganz ähnliche Strategie verfolgen Hacker, wenn die Opfer sich vernünftigerweise gute und sichere Passwörter zugelegt haben. Sie geben, um dann zu nehmen. Hat eine BruteForce Attacke keinen Erfolg, dann müssen andere Tricks her. Ein KeyKatcher ist dabei eine gute Wahl. Das ist ein kleines Gerät, das aussieht, wie ein Adapter, der zwischen Maus und Rechner steckt, wenn eine USB-Maus an einen PS/2 Anschluss angesteckt wird.

Einen KeyKatcher bekommen Sie – dummerweise auch Ihre Mitbewerber oder ein wechselwilliger Vertriebs-Mitarbeiter – ganz einfach bei eBay. Per Post kommt er dann meist aus den USA oder Polen. Weil das Teil in Deutschland nicht erlaubt ist, läuft es als Geschenksendung durch den Zoll. Zwangsläufig liegt keine Rechnung bei, ein Absetzen von der Steuer ist demnach nicht möglich, aber bei 50€ bis 100€ ist das nicht so tragisch.

Der kleine Speicherriese ist in der Lage, alles, was Sie auf Ihrer Tastatur eingeben, zu speichern. Ganz egal, ob es sich um E-Mails, Briefe oder gar Passwörter und PINs handelt. Zwischen Tastaturkabel und Rechner gesteckt, bezieht der KeyKatcher den benötigten Strom vom USB- oder – je nach Ausführung – dem PS/2 Anschluss der Tastatur. Drückt man nun eine Taste, durchläuft das Signal den Bösewicht, der es speichert und weiterleitet in den Rechner. Ein PC-Anwender merkt keinen Unterschied und keine Verzögerung.

Abbildung 4-3: Ein USB und ein PS/2 KeyKatcher mit WLAN

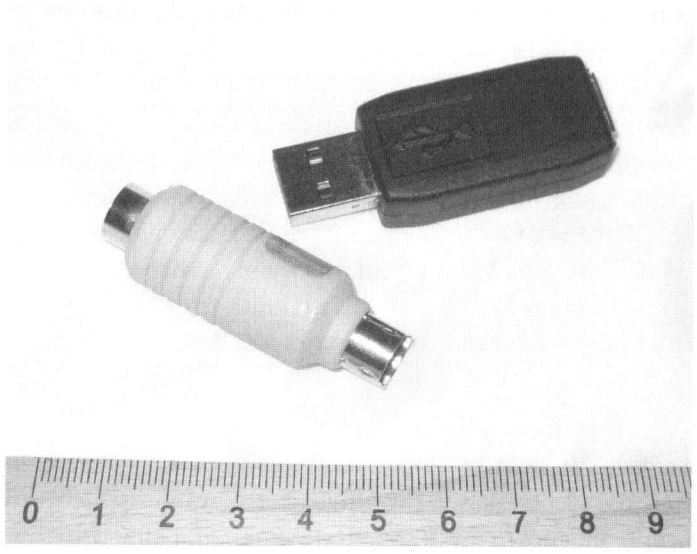

Die Speicherkapazität liegt zwischen 128kB und 1MB. Demnach ist der Hacker in der Lage, alle Tastatureingaben von mehreren Monaten zu speichern. Er muss den Winzling nur wiederbekommen, denn der Nachteil liegt klar auf der Hand. Um den KeyKatcher an den Rechner anzuschließen, muss physikalischer Zugang zum ausgewählten Rechner bestehen. Um ihn wieder zu bekommen auch. Das ist relativ einfach, wenn der Angreifer noch Mitarbeiter bei Ihnen ist, für Angriffe von Außen muss er kreativer sein.

Hier spielt der Faktor Mensch wieder eine große Rolle. Geklappt hat beispielsweise einmal die Methode, das Putzpersonal um den Finger zu wickeln. Bei einem Meeting hätte ich mir das Gerät vom Kunden geliehen und aus Versehen eingesteckt. Nun habe ich fürchterliche Angst, dass der Kunde glaubt, ich hätte es gestohlen und dann ist der Auftrag futsch und ich werde gefeuert und dann kann ich meine siebzehn Kinder nicht mehr ernähren und so weiter und so fort. Lief gut, die freundliche Dame war sofort bereit, für die gebotenen 20€ meine grafische Anleitung umzusetzen. Schließlich habe ich ja etwas zurück gebracht, da ist die Hemmschwelle deutlich geringer als beim klauen! Im Büro H3-061 hat sie den KeyKatcher fachgerecht platziert, ein Systemintegrator hätte es nicht besser machen können.

Sitzt der Buchstabenfänger am vorgesehenen Platz, versieht er umgehend seinen Dienst. Unabhängig davon, ob das Opfer Windows, Linux oder Mac OSX einsetzt, lassen sich nun alle Eingaben anfangen. Und weil er unabhängig vom Betriebssystem arbeitet, ist es auch egal, wann der Rechner gebootet wird. Sobald der Rechner eingeschaltet ist, versorgt er den KeyKatcher mit Saft. Dieser ist somit sogar in der Lage, ein BIOS Kennwort und natürlich auch die Passphrase für die ansonsten sichere Festplattenverschlüsselung mit zu lesen.

Dummerweise gibt es ein Problem. Das Gerät muss wieder abgeholt werden, sonst kann der Buchstabensalat im Speicher nicht ausgelesen werden. Eine durchaus gefährliche Situation, kann man doch nicht wirklich sicher sein, ob das Opfer etwas gemerkt und Lunte gerochen hat. Außerdem haben manche Informationen ihr Haltbarkeitsdatum schon überschritten. Steckt das Gerät ein Vierteljahr am Rechner, sind auch die ersten Eingaben schon drei Monate alt und damit vielleicht wertlos.

Zum Glück gibt es technisch innovative Unternehmen in Polen. Sie bieten seit wenigen Monaten einen 2mm längeren und 5€ teureren KeyKatcher an. Er verfügt über ein integriertes WLAN Modul. Einmal am Tag sendet er die im Laufe des selbigen gedrückten Tasten nach draußen. Die gekaperten Informationen sind jetzt frisch und knackig, das gefährliche Abholen des Gerätes gar völlig überflüssig.

Da keine Anti-Virensoftware in der Lage ist, die kleinen Hardware-Bösewichte zu erkennen, bleiben nur Sie selbst als mögliche Entdeckungsquelle. Keine Sorge, ich verlange nicht, dass Sie täglich unter Ihren Schreibtisch krabbeln. Sollte Ihnen aber mal der Stift runterfallen und Sie befinden sich eh schon auf allen Vieren, dann kriechen Sie doch einfach mal einen Meter weiter und schauen nach, ob da was steckt, was da nicht hingehört.

4.6   Der Wurm im Apfel

▨ Wie man an der PIN Eingabe von iPad und iPhone vorbei kommt

---

Am ersten Verkaufstag des iPads lagen Menschen in Schlafsäcken vor den Apple Stores und warteten sehnsüchtig auf die Öffnung der heiligen Hallen. Sie alle wollten zu den Ersten gehören, die den multimedialen Glaskasten kaufen konnten.

Die Apple Geräte zählen sicherlich zu den angesagtesten Geräten derzeit. Manager werten ihr eigenes Image mit dem Besitz eines iPhones auf und spielen mit den vielfältigen Möglichkeiten des Gerätes. Neben Notizen lassen sich auch E-Mails bearbeiten, Bilder und Videos sehen.

Das praktische dabei ist, dass das Gerät über eine PIN geschützt ist. So kommt niemand an die eigentlichen Daten heran, der da nicht hin soll, auch wenn das Gerät mal offen liegen bleibt. Anders als bei herkömmlichen Handies sind die SMS Nachrichten und E-Mails, aber auch die Bilder vor neugierigen Blicken geschützt. Sei es vor der zurecht eifersüchtigen Ehefrau, des Ehemannes oder eines Kollegen.

Da man auch Musik hören kann, wird das iPhone zum permanenten Begleiter. Die akustischen Leckerbissen spielt man bequem mittels iTunes auf das Gerät und schon wird der Inlandsflug von melodischen Klängen begleitet.

Für frühere Versionen von iPhone und iPod Touch gab es Hacks, die die PIN Eingabe umgingen, gar von Apple nicht legitimierte Software aufspielte und das Gerät so von seinen Handschellen in Bezug auf die Bindung an Apple befreite. Jailbreak nennt man das.

Um einen Jailbreak durchzuführen musste man einiges tun. Ohne technisches Grundwissen war das nicht möglich. Sicherlich war es machbar, diversen Anleitungen im Internet zu folgen, der Erfolg – so zeigten die Einträge in den Foren – war jedoch ganz unterschiedlich. Im September 2010 änderte eine Webseite all dies. Mit einer einzigen Geste auf dem Touchscreen wurde der Jailbreak vollautomatisch durchgeführt. Die dazu verwendete Lücke ist mittlerweile geschlossen. Wer eine aktuelle Betriebssystemversion hat, bei dem geht das nicht mehr ganz so einfach.

Wie aber kommt man um die PIN Abfrage herum, ohne das Gerät mit fremder Software anzugreifen? Die Antwort ist fast schon banal. Die meisten Besitzer machen das selbst. Und zwar bei jeder Synchronisierung mit iTunes.

Nachdem iPhone, iPad oder iPod Touch an den Rechner angeschlossen sind, startet iTunes. Damit nichts kaputt gehen kann, legt es erst einmal ein Backup an und beginnt sogleich, neue Lieder, Filme oder Fotos auf das niedliche Gerät zu schaufeln.

Das Backup auf dem Rechner dient sicherlich der Datensicherheit. Falls etwas schief geht, ist zumindest nichts verloren. Dumm nur, dass es unverschlüsselt auf der Festplatte liegt. Dem Datenschutz dient es daher keinesfalls. Wer sucht, der findet. Zwar sind alle Dateinamen in Hashwerte zerlegt und sehen aus wie kryptische Zahlen- und Buchstabenkolonnen, der Inhalt allerdings ist brisant.

Alle Notizen[5], aber auch Bilder, die mit der bordeigenen Kamera geschossen wurden, liegen da rum. Für jeden Ehepartner, der Zugriff auf den Rechner hat, ein Festival der Investigation. Mit einer kurzen Suche über den Windows Explorer oder einem grep Befehl auf dem Mac, tauchen alle Nachrichten und Bilder auf – und lassen sich mit jedem Editor ansehen. Ohne PIN. Wer es etwas komfortabler möchte, nutzt Tools wie den iPhone Backup Reader, der die Daten aufbereitet in einer hübschen Oberfläche präsentiert.

Es empfiehlt sich daher, die Einstellungen einmal etwas genauer unter die Lupe zu nehmen. Steckt das iPhone oder iPad am Rechner, findet sich in der Übersicht unter Optionen die Möglichkeit, das Backup zu verschlüsseln. Ein Klick, ein Passwort und die freie Sicht auf geschützte Daten ist vorbei.

Allerdings bietet eine bekannte russische Passwort-Knacker-Schmiede mit dem iPhone Password Breaker schon wieder ein Gegengift. Rund 100.000 Passwörter pro Sekunde werden in einer Brute-Force Attacke auf die geschützten Dateien losgelassen. Es bleibt also auch hier mal wieder nur die Möglichkeit, ein möglichst langes und kryptisches Passwort zu verwenden.

---

5   SMS-Nachrichten und E-Mail-Inhalte sind verschlüsselt abgelegt, Notizen und E-Mail-Kontakte hingegen nicht.

4.7　Seltene Zeichen

■ Wie man sein Passwort noch aufwerten kann

Dass ein Passwort auch Sonderzeichen enthalten soll, das ist mittlerweile bekannt und wird von vielen Programmen auch so verlangt. Neben Ausrufezeichen, Dollar, Prozent und Raute tauchen ja noch ein gutes Dutzend weiterer Zeichen auf der Tastatur auf, Sie haben die freie Wahl.

Es gibt allerdings auch noch Symbole, die die Tastatur – auf den ersten Blick – gar nicht hergibt, die im Zeichensatz des Computers aber vorhanden sind. ®, ¥ oder ± sind nur drei Beispiele davon.

Wenn Ihr System Passwörter mit solchen Zeichen akzeptiert – was Sie bei der nächsten Änderung durchaus mal versuchen sollten – dann stellt sich nur die Frage, wie man diese eingibt.

Öffnen Sie einfach mal eine Textverarbeitung. Unter Windows halten Sie dann die Alt-Taste gedrückt und tippen auf dem Nummerfeld eine vierstellige Zahl ein. Erscheint ein Zeichen? Wunderbar! Das ®-Symbol taucht auf bei Alt + 0 1 7 4, das ¥-Symbol bei Alt + 0 1 6 4 und schließlich das ± durch die Kombination Alt + 0 1 7 7.

Die meisten Hackerprogramme, die durch strukturiertes ausprobieren Passwörter knacken wollen, lassen solche Zeichen aus, um sich ein paar tausend Jahre zusätzlichen Aufwand zu sparen. Vier Tastendrücke für ein Zeichen erhöhen die Sicherheit gleich tausendfach. Einfach mal ausprobieren!

5 Internet

5.1 Empfänger Unbekannt

◾ Wie man anyonym im Internet surfen kann

Neulich klärte mich die Rückseite einer Müslipackung darüber auf, dass Erdbeeren gar keine Beeren sind. Es sind Nüsse. Und Tomaten sind eigentlich Obst und kein Gemüse. Das alles stand da und ich wurde allein gelassen mit der Frage: Warum ist plötzlich alles anders? Wer denkt sich so etwas aus?

Natürlich ist es Haarspalterei, sich mit solchen Fragen zu beschäftigen. Warum heißt etwas Beere und ist gar keine? Im Internet kann man derartige Versteckspiele aber gezielt nutzen, um seine Privatsphäre zu schützen. Man nennt sich einfach um und tarnt sich mit falschem Namen, besser gesagt: falscher IP-Adresse.

Wer heute im Internet surft, der hinterlässt auf jedem Server, den er besucht hat, eine IP-Adresse. Sei es von zu Hause, im Büro, im Internet Café am Bahnhof oder auch über das WLAN im Hotelzimmer, ganz egal. Eine IP-Adresse bekommt der Router, also der Übergangspunkt des Anschlusses in das Internet, vom jeweiligen Provider zugewiesen. Sie ist weltweit eindeutig und wird daher *öffentlich* bezeichnet. In diesem Moment hat sie kein anderer auf diesem Planeten. Ein kluges System von IP-Adress-Pools und die Vergabe auf Zeit sorgen dafür, dass sie einerseits (noch) für alle Geräte ausreichen und andererseits dafür, dass es zu keiner doppelten Vergabe kommt.

Nun stecken hinter jeder IP-Adresse aber meist mehrere Internetgeräte. Es gibt viele Hotelzimmer und mehrere Gäste, die gleichzeitig surfen wollen, im Internet Café geht's noch mehr zu und auch zu Hause hängen oft mehrere Rechner an einem DSL Anschluss. Also vergeben die Router an die angeschlossenen Computer, iPads und Laptops auch noch einmal eigene IP-Adressen. Diese jedoch sind nicht weltweit eindeutig, sondern nur innerhalb des eigenen lokalen Netzes. Solche Adressen werden *private* Adressen genannt. Wenn also jemand unerlaubte Dinge im Netz tut, kann die Polizei zwar den Anschluss ermitteln, nicht sicher jedoch die Person, die dahinter stand und den Unsinn getrieben hat. Deshalb haftet der Anschlussinhaber. Vergleichbar mit einem Verkehrsdelikt, wenn der Fahrzeughalter nicht mehr sagen kann – oder will – wer denn zum fraglichen Zeitpunkt gefahren ist.

Die öffentliche IP-Adresse des Routers wird von allen Webseiten gespeichert, die besucht werden. Hat die Polizei berechtigte Hinweise auf strafrechtlich relevante Inhalte, erhält sie nach richterlichem Beschluss vom Provider die Angaben, wer zur fraglichen Zeit die im Logfile gefundene IP-Adresse hatte. Das ist vernünftig, wenn dadurch Straftäter gefasst werden.

Nicht immer jedoch muss es sich gleich um widerliche und allgemein verwerfliche Webseiten handeln. Und nicht immer geht es um Straftaten. Wie also können wir wirklich anonym im Internet surfen?

Die Antwort heißt Tor. Wer hier an Fußball oder einen skandinavischen Krieger mit großem Hammer denkt, liegt falsch. Bei Tor handelt es sich um ein Netzwerk von Routern. Sie sind dem eigenen nachgeschaltet, werden auch als Onion-Router bezeichnet, denn sie legen eine Zwiebelhaut aus mehreren Schichten zwischen Quell- und Zielrechner an.

Diverse Institutionen – meist Universitäten und Datenschutz-Vereinigungen – betreiben weltweit Tor-Server. Sie agieren wie jeder andere Router auch – mit einer Ausnahme: Sie speichern keine Logfiles. Damit ist zwar ersichtlich, dass jemand über einen Tor-Server surft, aber nicht viel mehr. Der Betreiber des selbigen kann – und will wahrscheinlich – auch nicht sagen, wer das denn war. Die Information steht ihm nicht zur Verfügung. Sogar unter Druck könnte er sie nicht verraten.

Damit die Behörden selbst über die Uhrzeit einer Abfrage keine Indizien konstruieren können, schalten sich in aller Regel drei bis fünf Tor-Server hintereinander. Sie kommunizieren verschlüsselt und achten darauf, dass möglichst viele von ihnen in einem anderen Land betrieben werden. Das macht eine Rückverfolgung nahezu unmöglich. Einziger Nachteil: Eine derartige Kaskade an Routern verlangsamt die Internet Verbindung spürbar. Wer eine Seite aufruft, muss sich wenige Sekunden gedulden, bevor die Seite aufgebaut wird.

Sicherlich lässt sich streiten, ob eine vollständige Anonymisierung gerade erst Kriminelle anlockt und ihnen Schutz gewährt. Treibt man die Diskussion auf die Spitze, könnte man gar von Beihilfe durch Betreiben eines Tor-Servers sprechen. Andererseits schränkt doch gerade die Überwachung des Internets die Freiheit noch viel mehr ein. In Amerika gab es 2001 und 2002 Fälle, in denen Menschen Besuch der Heimatschutzbehörde bekommen haben, weil sie bei Amazon Bücher über den Islam bestellt oder zumindest aufgerufen haben.

Die Grenze zwischen freiem Surfen und berechtigter staatlicher Überwachung im Sinne der Strafverfolgung sieht jeder anders. Je nachdem, wo er steht und welche Aufgabe er verfolgt. Der deutsche Jurist Johann Klüber hat übrigens bereits 1809 – also vor mehr als 200 Jahren – davon gesprochen, dass der Schutz der Privatsphäre durch den Staat nicht gebrochen werden dürfe, auch wenn manche sich in diesem Schutz zu illegalem handeln hinreißen[6] lassen.

Ob Erdbeeren jetzt Beeren sind oder Nüsse, ist mir persönlich völlig Wurst. Vielleicht sind getrocknete Erdbeeren sogar Erdnüsse? Wer weiß. Die Antworten lassen sich im Internet ganz bestimmt finden. Ob anonym oder nicht, das muss jeder für sich selbst entscheiden.

Abbildung 5-1:   TOR verspricht anonymes Surfen

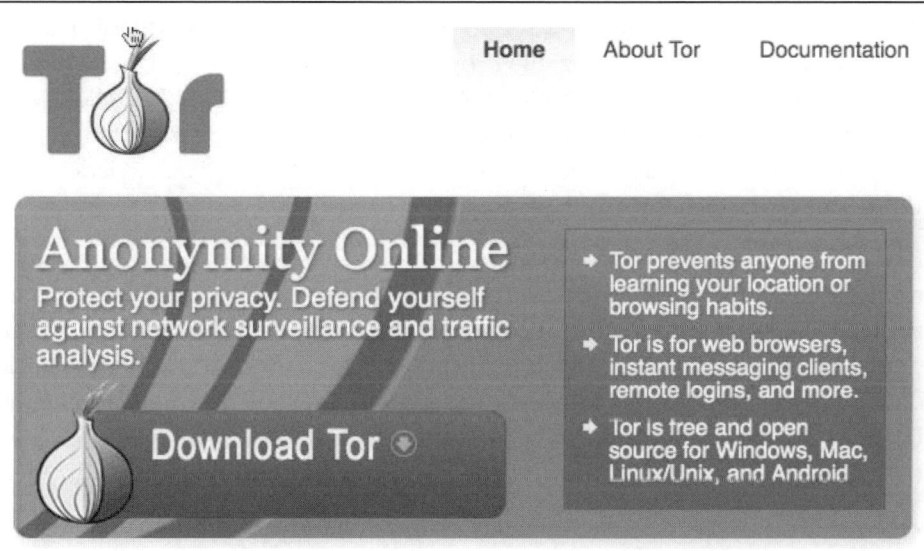

---

6   Sollen Privatleute – und damit leider auch Verbrecher – sicher verschlüsseln dürfen? »Soll man keinen Wein bauen, weil es Leute gibt, die sich in Wein berauschen?« Johann Klüber Kryptografik, Tübingen, J. G. Cotta'sche Buchhandlung, 1809.

5.2   Rasterfahndung

▓ Wie man Webcams als Bewegungsmelder nutzt

Im März 2009 wurde das Weltraumteleskop Kepler ins All geschossen, um erdähnliche Planeten, am besten mit Leben, außerhalb unseres Sonnensystems zu finden. Ausgestattet mit einer 95 Millionen Pixel Kamera könnte es wohl sogar ein Portraitfoto der Maus auf dem Mars[7] schießen, an deren Existenz ich übrigens auch heute noch glaube. Nur ob das rechnergesteuerte Teleskop die Maus auch erkennen würde?

Tatsache ist, dass heute nicht mehr nur Lebewesen sehen können, auch Computer fangen damit an. Ihnen fehlt jedoch die räumliche Achse und sie können das Bild nur mit bekannten Mustern vergleichen. Ob Kepler auf seinem weiten Flug durchs All ein Vergleichsbild der Maus vom Mars dabei hat, wage ich zu bezweifeln.

Wenn ich die Seite eines Buches einscanne, ist das Ergebnis ein Bild, eine Grafik. Es handelt sich nicht um Text, so wie ich ihn in einer Textverarbeitung weiter bearbeiten könnte. Spezielle Programme sind aber in der Lage, ein Bild in viele kleine rechteckige Parzellen zu teilen. Der Inhalt dieser Parzellen wird dann mit den Buchstaben von A bis Z in verschiedenen Schriftarten verglichen. Sie sind so in der Lage, aus einer Grafik mit Text auch wieder eine Word-Datei zu machen.

Findet das Programm beim Vergleich der Parzelle eine große Übereinstimmung, geht das Programm davon aus, an dieser Stelle einen bestimmten Buchstaben oder eine Zahl vorgefunden zu haben. Schwierigkeiten haben OCR-Programme nur, wenn sich Buchstaben oder Ziffern ähnlich sehen, wie das O und die 0 oder das kleine l und das große I. Solche Ungenauigkeiten lassen sich aber weitgehend korrigieren, in dem die Zeichenfolgen zwischen den Leerzeichen (also die Worte) mit einem Lexikon verglichen werden.

Auf ähnliche Art und Weise arbeiten Programme, die einen Bewegungsmelder simulieren[8]. Richten wir eine einfache Webcam auf unseren Schreibtisch, erzeugt sie meist 30 oder 60 Bilder pro Sekunde. Das Überwachungspro-

---

[7]   Eine Kinderserie aus den 70er/80er Jahren.
[8]   Das Programm go1984 von logiware arbeitet nach dieser Methode.

gramm teilt jedes dieser Bilder in viele hundert Rechtecke auf und vergleicht diese mit dem jeweiligen Rechteck des vorangegangen Bildes.

Ändert sich in einer vorher festgelegten Menge an Rechtecken die Helligkeit oder die Farbe, geht das Programm davon aus, dass sich dort jemand bewegt und löst Alarm aus – meist in Form eines Signals oder der Aufzeichnung des Bildes, wie bei einer echten Überwachungskamera.

Eine Webcam für wenige Euro ist so in der Lage, den Griff des Büronachbarn in Ihren Geldbeutel zu verhindern. Überlisten lassen sich solche falschen Bewegungsmelder, wenn es ganz dunkel ist (und auch kein Infrarotlicht[9] leuchtet) oder wenn jemand extrem langsam durchs Bild schleicht.

Abbildung 5-2: Bewegungserkennung durch Rastervergleich

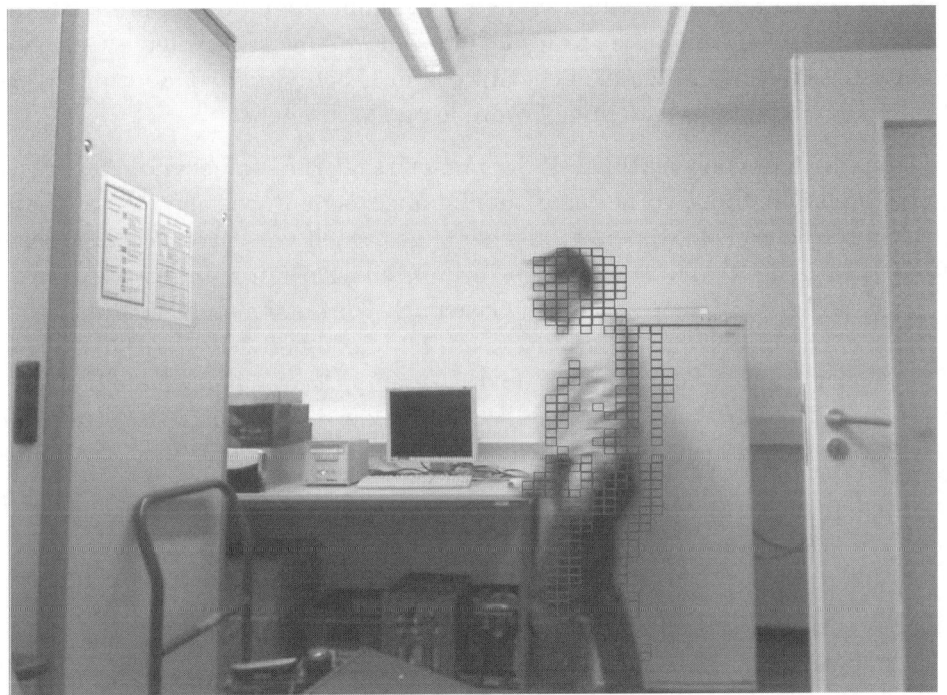

9   Siehe: »Volle Batterien«

5.3 Dioptrin und Farbenblindheit

▓ Was sind Captchas und wie funktionieren sie

Nach einer langen Wanderung den Gipfel des Berges zu erreichen, ist der Gipfel der Gefühle. Voller Stolz wird eine Maß Bier eingeschenkt und sich im Gipfelbuch verewigt. »Wir waren hier«, steht da ganz oft und es ist wirklich ein Jammer, dass in der Schönheit der Natur nicht auch ein schöner Satz zu finden ist.

Gästebücher gibt es natürlich auch im Internet. Viele, die eine eigene private Seite erstellen, freuen sich über nette Worte von Freunden und Bekannten, die einen auf diese Weise mal wieder gefunden haben.

Schon vor Jahren entwickelten findige Programmierer ein Programm, das im Internet von Seite zu Seite surft, nur um sich in – meist privaten – Gästebüchern zu verewigen. Leider nicht mit einem lieben Gruß, sondern mit Werbung für eindeutig zweideutige Produkte und Webseiten.

Die Entwickler von Gästebuch-Programmen reagierten umgehend. Wer etwas eintragen will, muss vorher eine zufällig angezeigte Buchstabenkombination in ein spezielles Feld tippen. Wohl eher angestachelt von dieser Aufgabe setzte die Gegenseite Texterkennungs-Technik ein. Anstatt nur den Textinhalt einer Webseite auf der Suche nach Gästebuch-Formularen auszuwerten, wurde eine Art Screenshot – ein grafisches Abbild der Oberfläche des Bildschirms – angefertigt und über Bild-zu-Text-Erkennung zurück gewandelt. Schon kurze Zeit später waren Spammer wieder in der Lage, die Gästebücher mit werbenden Einträgen zu überschwemmen.

Nun sagt man Software-Entwicklern ja eine gewisse Trägheit nach. Durch Kaffee am Leben gehalten, jagen sie nächtelang virtuelle Orks und andere Monster, um tagsüber mit blutunterlaufenen Augen die Anforderungen des Auftraggebers umzusetzen. Selbst mitdenken ist da zum Glück nicht nötig.

Doch einer fiel aus der Reihe. Er hatte die phantastische Idee, eine zufällige Buchstabenkombination so anzuzeigen, dass eine Texterkennung auf Granit beißt. Als Grafik mit formschön geschwungenen, in einander verwobenen, pastellfarbenen Buchstaben auf ebenso pastellfarbenem Hintergrund. Captcha nennt man das, und eine Texterkennung hat da keine Chance.

Abbildung 5-3:   Ein Captcha

Seitdem bleiben Gästebücher wieder leer. Befreit zwar von lästiger Fremd-werbung, aber gelegentlich halt auch von den gewünschten Einträgen. Manchmal bin ich nämlich selbst bei gutem Willen nicht in der Lage, die Buchstabenkombination einer solchen Grafik richtig zu lesen. Nach der drit-ten Falscheingabe gebe ich erfahrungsgemäß auf.

Natürlich lassen sich mit Captchas auch Unwürdige von bestimmten Websei-ten ausschließen. In einem Blog wird auf eine Webseite russischer Mathe-Freaks verwiesen. Wer dort hinein will, der muss besonders schwere Capt-chas nicht nur lesen, sondern auch lösen[10] können.

Abbildung 5-4:   Ein besonders schweres Captcha

$$\lim_{x \to 0} \ln\left(2 + \sqrt{\operatorname{arctg} x \cdot \sin \frac{1}{x}}\right)$$

---

10 http://www.clickoffline.com/2009/04/best-captcha-form-ever/

5.4 Schlüssel steckt

▨ Warum man keine Passwörter speichern sollte

Wie nervig. Jeder Shop und jedes Forum will, dass man sich anmeldet. Ganz abgesehen von den Daten, die man hinterlässt, muss man sich die Zugangsdaten merken. Dummerweise kann man sein geliebtes Standard-Passwort nicht verwenden, weil der Webseiten-Betreiber nur acht und nicht zehn Stellen zulässt. Dann muss ein Sonderzeichen rein, aber das sonst so gerne verwendete #-Zeichen ist nicht erlaubt. Wie um alles in der Welt soll man sich das merken können? Gerade bei Seiten, die man vielleicht nur zwei Mal im Jahr besucht? Wer bestellt schon alle drei Wochen neue Tinte für den Drucker?

Zum Glück bieten die meisten Browser eine ganz phantastische Funktion an. Auf Wunsch merken sie sich das Passwort. Ruft man die Seite sechs Monate später erneut auf, dann stehen die Zugangsdaten schon darin. Selbst bei einem Webmail Dienst kann man das nutzen.

Abbildung 5-5:   Ein Browser hilft beim »merken« des Passworts

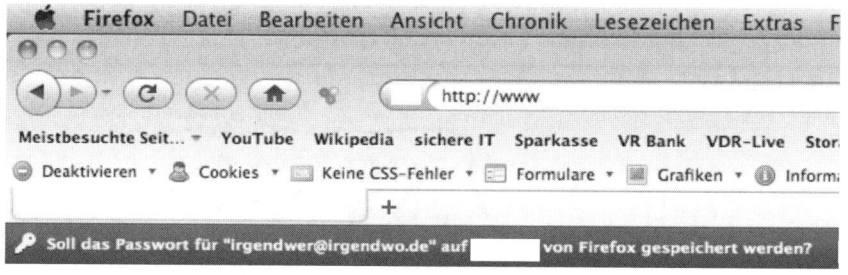

Was hier hilfreich und nett erscheint, ist eine in sich absurde Idee. Zwar denken viele User, dass es doch egal ist, wenn jemand die privaten Mails lesen sollte. Wer um alles in der Welt interessiert sich für die elektronische Nachricht von Tante Erna?

Derartige Gedankenspiele sind der Grund dafür, dass wir im privaten Umfeld niedrigere Sicherheitslevel ansetzen, als im Büro. Dort arbeiten wir mit kritischen Informationen, was eventuell sogar rechtliche Folgen nach sich zieht, sollten wir zu sorglos mit ihnen umgehen. Im trauten Heim passiert das normalerweise nicht.

Einen derartigen Trugschluss nutzen Hacker gerne aus. So zeigt eine sicherlich nicht repräsentative Umfrage meinerseits, dass rund 70% der Befragten, ein sehr ähnliches, wenn nicht gar identisches Passwort zu Hause und im Büro nutzen.

Da private Rechner in aller Regel nicht annähernd so gut geschützt sind, wie dienstliche PCs, ist das ein ganz guter Angriffspunkt. Ganz egal, ob ich über das Netz – mit Hilfe eines Trojaners – oder physikalisch – als durch das Fenster – vor Ihren Rechner komme, der Browser listet mir Ihre ganz persönliche Vorliebe in der Passwortgestaltung auf.

Alleine die Art und Weise, wie Sie Ihr Passwort zusammenbauen ist eine wichtige Information. Stehen Sie darauf, hinten Zahlen anzuhängen? Einstellig, oder zweistellig? Nehmen Sie gerne Namen oder Ziffernfolgen? Vielleicht ein Geburtsdatum?

Mit dieser Information gehe ich dann an Ihren Rechner im Büro. Dort, wo Sie mit den sensiblen Daten arbeiten, die, die mich interessieren. Denn in einem haben Sie tatsächlich Recht behalten. Die Nachricht von Tante Erna interessiert mich wirklich nicht. Das Speichern von Passwörtern im Browser ist vergleichbar mit dem Einbau einer Sicherheitstüre, die Sie zwar absperren – aber in der Sie auch immer den Schlüssel stecken lassen.

Abbildung 5-6:   Ein Browser zeigt gespeicherte Passwörter

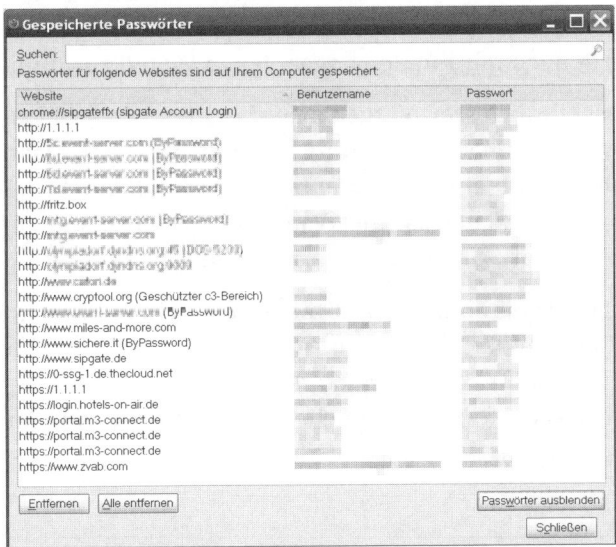

5.5   Alles, außer Tiernahrung

▧ Wie man kostengünstig(er) im Internet einkaufen kann

Irgendwie ist es schon widersprüchlich, dass sich mit Diäten ganze Heerscharen an Journalistinnen und Journalisten von Frauenzeitschriften die fettige Butter für das Brot verdienen. Dabei ist abnehmen doch ganz einfach. Manche müssten einfach nur mal Zähne putzen.

Nun ja, ein unangenehmes Thema, keiner spricht darüber, wenn sie oder er ein bisschen zu viel hat. Abnehmen ist *vorher* ein Tabu. Der Mensch spricht erst *nachher* gerne davon. Geschäfte hingegen posaunen es geradezu heraus, wenn der Preis abnimmt und versuchen damit Kundschaft ins Geschäft zu locken. »Ohne Mehrwertsteuer«, »Geburtstagsfeier im Möbelhaus« (sieben mal, jedes Jahr). Einige nennen das schon Rabatt-Gauklerei. Den Kunden aber freut es. Er kann anhand von Radiowerbung oder der Beilage in der Tageszeitung[11] den Händler ausfindig machen, der ihm das beste Gefühl gibt.

Dabei ist es doch so einfach, sich selbst seine eigenen Rabatte zu gewähren. Sogar im ein oder anderen Online-Shop – gleich um die Ecke im eigenen Wohnzimmer. Kein Scherz, es gibt Web-Shops, bei denen jeder mit ein bisschen Grips die Preise nach seinen eigenen Wünschen verändern und anpassen kann. Ich rede jetzt aber nicht von irgendwelchen Bugs oder Hacker-Angriffen auf die Bestandsdatenbank. Nein, ich rede von meinem eigenen Einkaufskorb, den ich mir mit den angebotenen Waren zusammenstelle.

Das Prinzip ist ähnlich der Vorgehensweise, die wir wohl alle als Kinder schon mal praktiziert haben. Ware in den Einkaufskorb legen, kurz in alle Richtungen blicken, ob einer guckt und dann schnell ein anderes Preisschild auf die Ware kleben. Schon ist die Ware billiger, falls es an der Kasse nicht doch noch der aufmerksamen Kassiererin auffällt.

Heutzutage geht das im Supermarkt nicht mehr. Dank Scannerkassen gibt es aufgeklebte Preisschilder eher selten und dort, wo sie noch im Einsatz sind, da kennen die Verkäufer meist auch alle Preise und die kleinen Aufkleber dienen lediglich als Informationsquelle für potentielle Kunden. Einer Scannerkasse ist es egal, was auf der Ware klebt, solange der Barcode zu lesen ist.

---

[11] Siehe: »Recycling und Altpapier«

Im Internet ist das manchmal anders. Ist der Webshop schlecht programmiert, dient der dem Kunden angezeigte Preis auf der Webseite ebenso dem Lieferanten als Angabe für die spätere Rechnung. Das wäre kein Problem, sofern der Server wüsste, was der Klient am Client macht. Er müsste sicher sein, dass wir kein fremdes Preisschild aufgeklebt haben. Eine Webseite wird komplett übergeben und die Transaktion ist beendet. Vergleichbar mit einem Blatt beschriebenen Papier, welches Sie jemandem in die Hand drücken, sich dann umdrehen und den Inhalt vergessen. Bekommen Sie es zurück, würde Ihnen niemals auffallen, dass ein oder mehrere Worte verändert wurden.

Kaufen wir online im Internet ein, passiert folgendes: Der potentielle Käufer sieht sich Waren an. Vielleicht hat er schon eine Unterkategorie gewählt und steht nun virtuell vor einem Warenregal. Wollen wir beispielsweise einen Volleyball kaufen, gehen wir im Kaufhaus auch erst einmal in die Sportabteilung. Im Gegensatz zu einem echten Regal, sieht der Kunde aber nicht den echten Ball, sondern nur ein oder mehrere Bilder, sowie einen Text. Beides kommt aus einer Datenbank, die alle Informationen der Kategorie »Bälle« enthält.

Mit Hilfe einer ID werden nun aus verschiedenen Tabellen alle notwendigen und den Verkauf fördernden Daten geladen. Bezeichnung, Bild, Artikelnummer und Preis sind sicherlich dabei. Diese Informationen werden dem Kunden auf der Webseite präsentiert. Ein Klick auf »*In den Warenkorb*« und schon liegt der Ball im Einkaufswagen.

Eben nicht! Das ist nur beim echten Einkauf so. Im virtuellen Einkaufswagen liegt nur die Datenbank-ID des ausgewählten Volleyballes. Kein Text, keine Beschreibung, kein Bild – also eigentlich auch kein Ball. Gehen wir dann zur Kasse wird unsere Rechnung – unabhängig ob man gleich per Kreditkarte oder später per Nachnahme bezahlt – erstellt. Anhand aller Datenbank-IDs aus unserem Wägelchen werden noch einmal die ganzen Informationen der dazu passenden Waren aus der Datenbank geladen. Diesesmal werden sie nur nicht *an*preisend, sondern *be*preisend dargestellt. Meist in tabellarischer Form einer Rechnung. Wäre in einem echten Supermarkt die Warenausgabe auch hinter der Kasse, würde es ebenfalls genügen, dass wir nur kleine Zettelchen mit der Artikelnummer zur Kasse tragen.

Diese Information genügt der Kasse nämlich, um uns den richtigen Betrag abzuknöpfen. Sie braucht aus der Datenbank nur den passenden Preis. Dem Packer hingegen wird Anzahl, Name und auch die Lagerposition mitgeteilt. Wie viel es kostet, ist ihm egal. Tja, so sollte es sein, allerdings gibt es immer noch Shopsysteme, die weit mehr als nur IDs in den Einkaufskorb legen. Sie geben den Preis auch gleich mit. Der stand neben dem angezeigten Preis zusätzlich in Form einer Variable auf der vorherigen Webseite. Der Webseite, die ich als virtuelles Regal bezeichnet habe.

Dieses elektronische Preisschild, meist in einem *Hidden Field* versteckt, lässt sich von Browsern wie Firefox anzeigen – und verändern. Hidden Fields sind nur für Unwissende unsichtbar. Alles, was der preisbewusste Einkäufer benötigt, ist ein frei zugängliches und völlig legales Tool, mit dem Programmierer eigentlich ihre Software auf Fehler prüfen: ein Debugging Tool. Damit kann ein Hacker den Preis einfach überschreiben.

Erstellt der Server an der Kasse aus diesen Informationen eine Rechnung, kann der Verkäufer nur hoffen, dass noch alle Preise so sind, wie er es wollte. Alle von mir untersuchten Shops mit Preisen in Hidden Fields taten das jedoch nicht. Kein einziger überprüfte den Preis im Einkaufswagen noch einmal mit dem in der Datenbank. Das ist so, als ob der Filialleiter den Kassenkräften die Anweisung erteilt, auf jeden Fall das zu kassieren, was auf der Ware drauf steht.

In diesen Shops wird alles billiger. Sogar Tiernahrung! Und wenn ich schon im Kaufrausch bin, gibt es bei mir richtige Rabatte. Nicht 30% oder 40%, auch keine 70%. Nein, wenn ich will, dann setze ich einen Negativbetrag ein. Schon bekomme ich – abzüglich der Versandkosten – sogar noch etwas raus!

Abnehmende Preise sind daher einfacher zu erreichen, als Pfunde zu verlieren. Trotzdem habe ich mir fest vorgenommen, jetzt auch mal so eine Diät zu machen. Offenbar habe ich es nötig. Letzte Woche rief Google Earth an und bat mich, aus dem Bild zu gehen.

5.6 Zahlung sofort, ohne Skonto

Wie Abofallen im Internet funktionieren

Letztens bin ich mit einer deutschen Airline ins nahe Ausland geflogen. Auf dem zwei Stunden dauernden Flug wurden nicht nur Nüsschen und Getränke verteilt, es gab auch etwas zu kaufen: Kopfhörer für diejenigen, die den Film auf den ausgeklappten Monitoren sehen wollten. Ein Dutzend Mitreisender griff in die Geldbörse und zahlte ein paar Euro.

Im Nachhinein betrachtet, war das eine Vertriebsleistung sondergleichen. Gezeigt wurden nämlich zwei Folgen von »Mr. Bean«. Eine Fernsehserie, in der der Hauptdarsteller zwar hin und wieder grunzt und die Regie dem hirnlosen Zuschauer durch eingespieltes Lachen mitteilen will, wann es lustig ist, aber: Eigentlich handelt es sich bei »Mr. Bean« um einen Stummfilm! Jeder Mitreisende ohne gekauften Ohrwärmer hatte genau so viel Spaß wie diejenigen mit Schaumstoff auf der Muschel.

Hätte es Beschwerden gehagelt, es hätte mich nicht gewundert. Wer fühlt sich schon gerne über den Tisch gezogen? Nun will ich der Fluglinie nicht unterstellen, sie handelt in betrügerischer Absicht. Keinesfalls. Da gibt es genügend Andere, die das im Internet tun.

Menschen besuchen Webseiten, tragen dort persönliche Daten ein – im Glauben sich zu registrieren – und erhalten ein paar Tage später eine Rechnung. Verstreichen weitere Tage, liegt gar eine Mahnung im Briefkasten, gefolgt von der Pfändungsandrohung eines Anwalts. Meist werden Beträge um die hundert Euro verlangt – und in den meisten Fällen auch kassiert. Spätestens, wenn der Anwalt schreibt.

Zwar werden derartige Abzockmethoden regelmäßig in den von Föhnlocken moderierten Boulevardsendungen der Privatsender angeprangert, trotzdem lohnt es sich anscheinend immer wieder neue Seiten aufzumachen und auf Kundenfang zu gehen. Selbst die dubiosen Anwälte kommen gehörig auf ihre Kosten, auch wenn die Anwaltskammer deren Verhalten missbilligt.

Wie kann es sein, dass hunderte Menschen in die »Abofalle« tappen? Ist der Hinweis auf die Kosten auf der Seite deutlich sichtbar, hat der Kunde wohl selbst Schuld. Fehlt das Preisschild, würde kaum einer bezahlen und sicherlich auch frohen Mutes den eigenen Anwalt einschalten.

Es gibt technisch zwei unterschiedliche Methoden, mit denen fremde Geldbörsen bevorzugt erleichtert werden. Eines haben die Webseiten aber alle gemeinsam: Sie bieten einen Service an, den fast jeder schon mal im Internet gesucht hat. Das Angebot reicht von Ahnenforschung über Persönlichkeitstest bis hin zu astrologisch angehauchten Orakeln. Geboten werden jedoch nur enttäuschend einfache Antworten, die einer beim Frisör ausliegenden Zeitschrift entnommen sein könnte. Aber wie soll man das vorher wissen?

Ruft man die jeweilige Seite im Netz auf, erscheint diese äußerst professionell. In großen Lettern und Bildern wird dem Besucher suggeriert, nur noch wenige Klicks von der Antwort auf seine Frage entfernt zu sein. Lediglich registrieren müsse man sich noch. Von etwaigen Kosten ist nichts zu **sehen**.

Ein paar Tage später hingegen sieht man sie, die Kosten. In Form einer Rechnung, die im Briefkasten liegt. Sie spricht vom Abschluss eines Abonnements, vierundzwanzig Monate, für je günstige 4,95€. Als ob jemand zwei Dutzend Mal herausfinden wollte, was sein Nachname bedeutet. Es folgt nervöses Booten des Rechners und den Startvorgang begleiten Selbstzweifel, die Preisangabe übersehen zu haben.

In den meisten Fällen steht und stand der Hinweis über Preis und Abo auf der Seite. Dummerweise sogar recht deutlich und nicht mal im Kleinstgedruckten versteckt.

Geholfen haben dem Webdesigner Studien über das Leseverhalten von Menschen auf Bildschirmen. Werden Bilder und Schlagwörter geschickt platziert und farblich abgehoben, übersieht das menschliche Auge ganze Areale der Webseite. Das klappt zwar nicht bei jedem, aber offenbar ausreichend oft, um italienische Sportwagen zu fahren. Spätestens wenn nach dem Kostenhinweis gezielt gesucht wird, fällt dieser recht deutlich ins Auge und die Zahlungsmoral steigt – ebenso der Ärger über sich selbst.

Deutlich hinterhältiger ist eine andere Methode. Sie macht sich Cookies und Supercookies zu nutze. Ein Cookie ist eine lokal abgelegte Information, die der Browser beim Aufruf einer Seite speichern kann. Besucht man die Seite erneut, wird das Cookie übertragen und der Server weiß sofort: Der war schon mal da! Inklusive Datum und Uhrzeit. Fehlt ein derartiges Cookie ist aller Wahrscheinlichkeit nach ein neues Opfer unterwegs. Dieses Wissen nutzen die Betrüger aus und blenden bei Neuankömmlingen **keine** Preise ein. Hat sich jemand registriert und prüft nach Erhalt der Rechnung die Seite erneut, dann zeigt die Seite klar aber unaufdringlich einen Betrag an. Pech gehabt.

Nun kann man Cookies löschen oder gleich ganz ablehnen und mittlerweile ist das eine gängige Einstellung im System. Dummerweise benötigen einige gerne genutzte und gute Webseiten Cookies und daher ist eine völlige Blockade gleichbedeutend mit einer Surfblockade.

Supercookies hingegen lassen sich nahezu gar nicht blocken, sie sind Teil von Flash-Animationen und werden in aller Regel auch benötigt. Da Flash jedoch nicht zwangsläufig animiert sein muss, lässt sich auch ein einfaches Bild damit darstellen. Das kleine Kunstwerk bringt nur nebenbei und beiläufig die Funktionalität mit, ein Supercookie zu setzen. Dieses Ei, das einem da ins Netz gelegt wird, lässt sich mit normalen Bordmitteln des Browsers nicht entfernen, dazu sind Plugins[12] nötig – und die muss jeder selbst nachinstallieren. Ist das Flash Programm beendet, das Supercookie nicht mehr von Nöten, dann wird es einfach gelöscht. Als ob es nie da gewesen war.

Abbildung 5-7:   Better Privacy mag keine Teigwaren

Übrigens: Der Versuch das vierzehntägige Rückgaberecht aus dem Fernabsatzgesetz heranzuziehen, zieht nicht. Der User bestätigt die AGB, und diese schließen die Rückgabe nach Bezug der Leistung aus. Wer also direkt nach der Registrierung Ahnenforschung betrieben hat, für den ist es zu spät. Es gibt jedoch auch die Meinung, dass dieser Absatz in den AGB sittenwidrig sei.

---

12   Ein Plugin für den Firefox Browser zum Überwachen und Löschen von Supercookies ist »Better Privacy«.

Es empfiehlt sich also unbedingt, einen Rechtsanwalt zu Rate zu ziehen. Noch besser ist es aber, gleich zu behaupten, das Kind sei es gewesen. Dieses ist noch nicht geschäftsfähig – Thema erledigt. Die entsprechenden Aboseiten versuchen, das mittels Eingabe des Geburtsdatums bei der Registrierung zu verhindern. Die Behauptung, das Kind hat ein falsches Datum eingetragen, können sie jedoch kaum widerlegen.

Zukünftig sollten Sie also gewarnt sein und wenn Ihnen mal eine Abo-Rechnung unfreiwillig ins Haus flattert. Suchen Sie fachmännischen Rat und zahlen nichts. Im Flieger hingegen kann sich das bezahlen durchaus lohnen. Vorher zu fragen, welcher Film gezeigt wird, schadet jedoch auch nicht.

5.7 Golf ist nicht gleich Golf ...

▨ Wie Google anonyme Suchanfragen personalisiert

... und Google ist nicht gleich Google. Ist Ihnen das schon mal aufgefallen? Es kann sein, dass Ihr Telefonpartner in der anderen Stadt ein anderes Suchergebnis angezeigt bekommt, obwohl Sie zeitgleich den identischen Suchbegriff verwenden. Der Hinweis »Nimm das dritte Suchergebnis.« führt nun dazu, dass anstelle der Karten für das Theater ein Termin im Massagestudio arrangiert wird. Ist das Missgeschick entdeckt, hat den Premieren-Platz in der ersten Reihe meist schon ein anderer gekauft.

Der Grund unterschiedlicher Suchergebnisse liegt daran, dass Google versucht, Profile der Anfragenden zu erstellen. Zwar geben Sie bei einer Suchanfrage keine persönlichen Daten an, jedoch kann anhand der IP-Adresse des Rechners schon mal die geographische Lage des Rechners eingegrenzt werden. Das ist auch der Grund, warum auf entsprechenden Erotikseiten immer Werbebanner stehen, die mich darauf hinweisen, dass jetzt gerade *Schlampen aus München* auf meinen (kostenpflichtigen) Anruf warten, wenn ich in der bayerischen Landeshauptstadt am Schreibtisch sitze. Die offerierte Nähe zu den Damen scheint wohl das Geschäft besser anzukurbeln als eine eher anonyme Anzeige.

Neben dieser Eingrenzung auf Längen- und Breitengrad merkt sich Google für jede(!) durchgeführte Anfrage auch die Uhrzeit. Das ist wichtig für die Personalisierung, denn mal ganz ehrlich, Sie googeln doch auch sehr häufig zu den gleichen Uhrzeiten. Zum Beispiel ab 20:00h, wenn die Kinder im Bett sind. Oder als Hausfrau morgens um 9:00h, wenn der Mann im Büro sein trübes Dasein fristet und die Blagen die Lehrer ärgern. Sprich: Wenn Ruhe im Haus ist.

Nun reicht das nicht wirklich aus, um eine Person zu identifizieren. Es gibt zugegebenermaßen tausende Hausfrauen, die morgens um 9:00h nach dem nächsten Urlaubsziel oder Möglichkeiten zur Verbesserung der Ehe suchen. Das nächste Kriterium zur Eingrenzung ist daher die Art der Suchwörter. Googeln Sie immer nach einem Wort, einem ganzen Satz oder verwenden Sie schon erweiterte Suchanfragen mit Anführungszeichen und Minus? Sehen Sie, schon haben wir die Gruppen weiter verkleinert, denn ihr Suchmuster ändert sich in aller Regel nicht.

Das gleiche gilt für Ihr persönliches Suchinteresse. Denken Sie mal nach, Sie suchen recht häufig nach dem gleichen Thema. Sind Sie Camper, sind Suchanfragen für Campingplätze in Europa recht oft vertreten. Tauchen Sie, werden Sie das rote Meer, Asien und dazu noch nach geeigneten Tauchschulen googeln. Jetzt hat die Datenkrake Sie fast schon. Es fehlt nur noch der entscheidende Hinweis – wer sind Sie? Das jedoch haben Sie höchstwahrscheinlich schon selbst einmal mitgeteilt. Wer sucht nicht mal hin und wieder nach seinem eigenen Namen – natürlich nur aus Interesse, was da schon alles über einem im Netz steht. Und schwupps, das war es dann mit der Privatsphäre im Netz.

Angeblich – leider liefert Google hier keine Zahlen – sind 70% der regelmäßigen Google-Nutzer bereits mit erstaunlich hoher Wahrscheinlichkeit einer Person – der *richtigen* Person – zugeordnet.

Da ist es dann auch kein Wunder, dass Ihnen Volkswägen angeboten werden, während der reiche Schnösel nebenan bei der gleichen Suche nach *Golf* die schönsten und teuersten achtzehn Löcher der Umgebung angezeigt bekommt[13]. Diese für Sie perfekt passenden Trefferlisten sind aber auch der Grund, warum man so gerne googelt. Andere Suchmaschinen liefern eben nicht neun von zehn wirklich passende Links, sondern vielleicht nur fünf.

Die Personalisierung aller weltweiten Suchanfragen verschlingt riesige Speicher- und Rechenkapazitäten auf den Google-Servern. Diese wiederum verbrauchen eine ganze Menge Energie. Nach einer Schätzung produziert Google mit seinen Rechenzentren bereits heute so viel CO_2 wie alle General Motors Autofabriken zusammen – und zwar *vor* der Wirtschaftskrise. Kein Wunder also, dass eine Suche nach *Umweltschutz* kein einziges Ergebnis bringt, welches auf Google selbst verweist.

---

13 Weitere Informationen: »Das Google Imperium« Lars Reppesgaard

5.8   BigBrother ohne Container

■ Wie Google hilft, fremde Wohnzimmer auszuspionieren

Den Blick in fremde Schlafzimmer ermöglichte uns erstmals der kürzlich verstorbene Oswald Kolle mit Filmen wie »*Deine Frau, das unbekannte Wesen*« aus dem Jahr 1969. Eine Welle der Entrüstung fuhr durch das noch prüde Deutschland.

Heute ist das anders. Sex findet sich im Internet an jeder Ecke und in jeder nur denkbaren und undenkbaren Couleur. Dank PC und Webcam ist sogar der Einblick in fremde Schlafzimmer möglich. Teilweise, ohne dass der Bewohner dies weiß. Ein Spanner in Aachen hatte Mitte 2010 mehrere Dutzend junger Mädchen heimlich mittels deren eigenen Webcam beobachtet. Über Wochen hinweg.

Ermöglicht hatte ihm dies ein Fehler im Windows-Betriebsystem. Über Schadcode in einem Bild ließ sich eine Software installieren, die die Steuerung der Kamera von außen ermöglichte. Damit die Mädchen das Bild öffneten und somit den Schadcode ausführten, sendete der Mann eine Witzmail mit Anhang im Namen eines Freundes der Mädchen. Dieser Junge war kein Komplize und auch völlig ahnungslos, die Verbindung über SchülerVZ (oder Facebook) gab dem Spanner die nötigen Informationen. So waren die Opfer im Glauben, dass die Mail von einem Freund kommt und schöpften keinen Verdacht.

Mittlerweile ist die Lücke gestopft, das Öffnen eines Bildes stellt keine Gefahr mehr da und der gleiche Angriff würde nicht mehr funktionieren. Ein Update von Microsoft hat dafür gesorgt. Allerdings ist offen, wie viele ähnliche Lücken an anderer Stelle noch offen sind und wann sie entdeckt werden. Eine Entwarnung ist das daher nicht. Gerade Kinder sollten also unbedingt darauf achten, ob das kleine Licht an der Webcam auch dann leuchtet, wenn sie selbst **nicht** gerade mit Freunden Videofonieren. Ist das so, ist etwas nicht in Ordnung.

Gegen einen gezielten Angriff ist man sicherlich machtlos. Professionellen Schadcode können sich sogar Laien auf russischen Webseiten gegen eine geringe Gebühr von ein paar hundert Euro kaufen. Die Hacker, die derartiges anbieten, arbeiten mittlerweile hoch professionell. So garantieren sie, dass jeder Virus, jeder Schadcode, den sie verkaufen, mindestens zwei Wochen von keinem Virenscanner erkannt wird. Ansonsten gibt es das Geld zurück. Ehrensache.

Aber nicht nur zwielichtige Seiten helfen einem, fremde Kameras zu nutzen und einfach mal zuzusehen. Auch Google ist da Helfer in der Not. Zwar nicht bei ordinären Webcams, sondern bei fest installierten IP-Cams. Das sind in aller Regel Überwachungskameras. Sie sind etwas teurer und stecken nicht am USB-Port des Rechners, sondern sind per WLAN oder Kabel in ein Netzwerk eingebunden.

Abbildung 5-8:   Eine über Google gefundene Klorolle

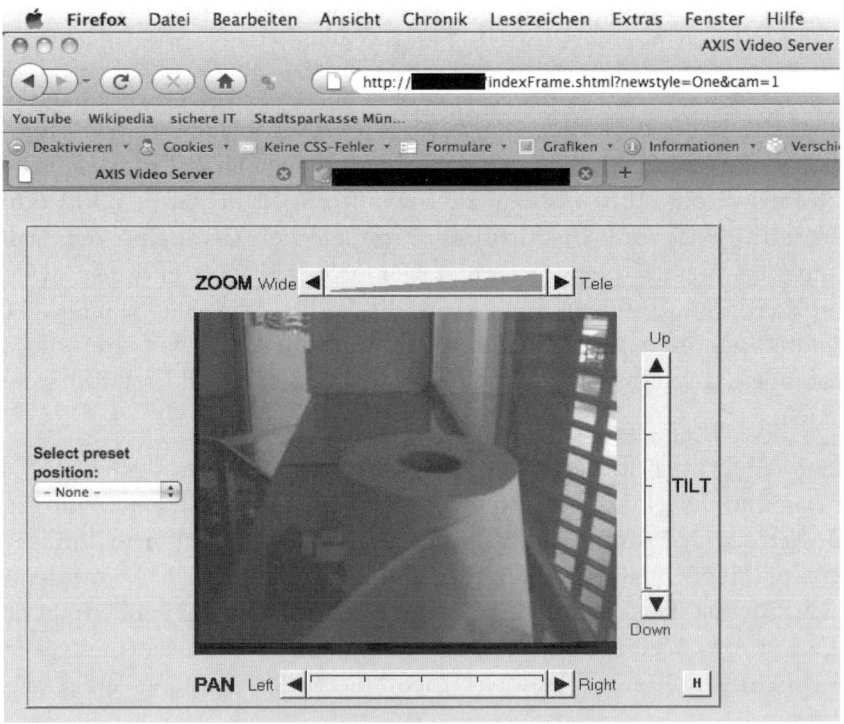

Um das Bild zu empfangen spricht der Hausherr die Kamera über eine IP-Adresse an und empfängt das Bild im Webbrowser. Dafür bringen diese Kameras einen eigenen integrierten Webserver mit. Eine Software, die dafür sorgt, dass das Bild den Anfragenden erreicht. Das sollte zwar eine berechtigte Person sein, allerdings kann das die Kamera nur erkennen, wenn sie ein Passwort abfragen kann. Ein beachtlicher Teil der installierten IP-Cams arbeitet aber ohne oder mit dem Standard-Passwort des Herstellers. Letzteres kann jeder über die Support Seite abrufen, es steht im Handbuch.

In der Standard-Konfiguration lassen also selbst Kameras der namhaften Hersteller jedem Zugriff auf das Bild, der weiß, welche Adresse die Kamera im Netz hat. Und dank Google ist auch diese Frage schnell beantwortet. Man muss nur wissen, wonach man sucht. Begriffe wie *viewframe* oder *mode=motion* liefern entsprechende Suchergebnisse und schon blickt man in Wohnzimmer, Bars, Tiergeschäfte oder auch koreanische Kindergärten.

5.9   640 Sextillionen

◼ Warum IPV6 nicht nur Probleme löst

Hilfe, die IP-Adressen gehen aus! In den Medien wird dies schon seit längerem regelmäßig kolportiert. Dabei braucht man die zum Surfen. Jedes Gerät, das mit dem Internet verbunden wird, benötigt so eine Adresse. Und tatsächlich wurde die letzte Tranche bereits vergeben. Wer jetzt eine will, der hat Pech gehabt.

Das jedoch heißt nicht, dass man jetzt keinen PC mehr kaufen braucht. Natürlich kann man auch mit einem neuen Computer im Internet surfen gehen. Die Provider haben genügend IP-Adressen, die Sie sich von denen ausleihen dürfen.

Eine IP-Adresse ist wie eine Postadresse, deshalb heißt sie auch so. Rufen Sie in Ihrem Browser eine Webseite, z.B. www.comedyhacker.de auf, dann wird Ihr PC eine Anfrage stellen. Zuerst einmal wird er erfragen, welche IP-Adresse denn hinter www.comedyhacker.de steckt. Das ist ähnlich wie bei den Urlaubspostkarten, wenn man die Postleitzahl oder die Hausnummer nicht genau weiß. Die Post versucht die richtige Adresse herauszufinden und korrigiert die Anschrift. Im Internet passiert das andauernd, das gehört zum Service – genauer gesagt zum Domain Name Service (DNS). Tippen Sie den Namen in den Browser, nennt der DNS Dienst Ihrem Browser die Adresse. Das Internet lässt Sie www.comedyhacker.de aufrufen, weil Sie sich die echte Adresse nicht merken können, oder – auch das gibt es – weil sie sich dauernd ändert. In Wirklichkeit finden Sie den comedyhacker.de nämlich unter der Adresse 85.13.132.118 (Stand 08.07.11 8:30h).

Stellen Sie sich vor, es gäbe keine Straßennamen und Postleitzahlen. Sie würden eine Postkarte zwangsläufig mit etwas anderem eindeutig identifizierbaren adressieren. Peter Müller, im gelben Haus gleich hinter der Metzgerei bei der Kirche, dort erster Stock. Der Postbote weiß Bescheid und kann den Urlaubsgruß zustellen.

Eine Internet-Protokoll-Adresse, kurz IP, besteht aus vier Zahlen, die mit einem Punkt getrennt sind. Jede Zahl kann Werte zwischen 0 und 255 annehmen, also zum Beispiel 22.4.197.1. Sie können sich ausrechnen, wie viele solcher IPs es gibt, nämlich 255*255*255*255 = 4.228.250.625. Davon muss man ein paar abziehen, die für Rundrufe (Broadcasts) unter den Geräten oder andere Sonderaufgaben verwendet werden und ebenso auch ein paar tausend, die im Internet selbst nicht beliefert werden, die privaten Adressen – insgesamt 622.199.809 Stück. Öffentliche IP-Adressen gibt es demnach 3.606.050.816 Stück. Eine Zahl, die recht hoch erscheint, aber nicht ist. Sie beschränkt nämlich die Anzahl an Geräten, die weltweit gleichzeitig im Internet unterwegs sein können, denn nur wenn die Adressen eindeutig sind, kann der Postbote die Karte bzw. die Webseite auch anliefern.

Die privaten IP-Bereiche haben das Internet schon über die letzten Jahre gerettet, ansonsten wäre es schon viel früher eng geworden. Obwohl die IP im weltweiten Netz eigentlich eindeutig sein muss, darf jeder 10.x.x.x, 192.168.x.x oder auch 172.16.x.x verwenden und für x jede Zahl zwischen 0 und 255 eintragen. Diese IPs bleiben aber lokal, in Ihrem eigenen Firmen-Netz oder zu Hause hinter dem Router. Sie haben quasi Ausgehverbot, das Internet bekommt sie nicht zu sehen, dafür sorgt Ihr Router.

Dieser hingegen hat vom Provider eine öffentliche IP-Adresse zugewiesen bekommen, mit der er im Netz Anfragen stellen darf. Also gehen Ihre Webseiten-Aufrufe eigentlich gar nicht von Ihrem Rechner aus ins Netz, sondern in Wirklichkeit vom Router. Bekommt der eine Antwort, muss er nur noch nachsehen, von welcher privaten IP die Anfrage ursprünglich kam und schon sehen Sie die Webseite auf Ihrem Rechner.

Jeder Provider hat einen oder mehrere Blöcke an IP-Adressen bekommen. Damit er mehr Kunden haben kann, als er IP-Adressen hat, muss der Provider die IPs zeitlich begrenzt verleihen. Dieses Verfahren heißt DHCP und steht für Dynamic Host Configuration Protocol. Schalten Sie Ihren Router an, leiht er sich quasi eine öffentliche IP-Adresse, und wenn Sie über längere Zeit keine Aktivität im Netz haben, geben Sie die Adresse wieder zurück. Ein anderer bekommt sie dann und Sie selbst, wenn Sie wieder online gehen, bekommen eine andere, die gerade frei ist.

Diese wunderbare Technik erlaubt es also nicht nur, dass mehr Geräte internetfähig sind als es IP-Adressen gibt, nein, diese Technik ist auch Datenschutz pur. Außer dem Provider weiß nämlich niemand, wer hinter dieser IP-Adresse steckt. Erst wenn Sie widerrechtliche Sauereien im Netz veranstalten, kann die Polizei beim Provider anfragen, wem denn zu einer bestimmten Zeit die Adresse 22.4.197.1 zugewiesen war – und sie benötigt dazu sogar einen richterlichen Beschluss.

Ein kleiner Tipp noch am Rande, falls Sie mal unangenehme Post vom Anwalt bekommen, weil eines Ihrer Kinder unerlaubterweise den neuesten Kinofilm herunter geladen hat: Dass Sie zu einem bestimmten Zeitpunkt eine bestimmte IP-Adresse hatten, werden Sie nicht widerlegen können. Aber ob der Zeitstempel des Logfiles des Filmportals (aus dem der Download, Ihre IP und die Zeitangabe der vermeintlichen Tat ermittelt wurden) eine **geeichte** Zeitangabe enthält oder gar durch Zeitverschiebung oder Ungenauigkeit der PC-Uhr abweicht – das würde ich erst einmal prüfen lassen. Denn möglicherweise hatte zum tatsächlichen Download-Zeitpunkt dank DHCP schon ein anderer Computer die IP geliehen.

Doch zurück zum Thema: Schon vor Jahren wurde beschlossen, den Adressraum auszuweiten: von IP V4 (32 bit dezimal) auf IP V6 (64 bit hexadezimal). Statt rund 4 Milliarden Adressen ergeben sich so etwas mehr als 640 Sextillionen eindeutige Adressen. Diese Zahl ist unvorstellbar groß. Jeder Quadratmillimeter der Erdoberfläche könnte 665.570.793.348.866.944 IP-Adressen bekommen.

Damit ist das Problem der ausgehenden Adressen zwar gelöst. Ein anderes ergibt sich aber zwangsläufig. Wenn Adressen im Überfluss vorhanden sind, warum sollte es dann DHCP geben? Bald könnten also Computer, Handys und alle anderen Geräte, die online gehen, mit einer festen IP-Adresse ausgestattet sein. Damit ist dann auch zweifelsfrei nachweisbar, wer welche IP-Adresse hat und wenn Ihr Junior sich mal wieder auf Videoportalen eindeckt … na ja, da kommen Sie dann nicht mehr raus.

Problematischer wird aber sein, dass Sie sich durch Anmeldungen bei Facebook, Amazon und Co. zwangsläufig auch mal outen – und die bekommen Ihre IP-Adresse natürlich auch mit. Somit weiß nicht nur die Polizei (durch richterlichen Beschluss!), wer vor dem Rechner **saß**, sondern bald schon jeder Webseitenbetreiber, wer vor dem Rechner **sitzt**.

5.10   Heiße Hunde

▨ Wie sich Suchmaschinen in den nächsten Jahren verändern werden

Wer nach Hot Dog googelt, hat gute Chancen, gleich zwei Informationen zu bekommen. Wo es welchen gibt und woher die heiße Wurst ihren Namen hat. Die Suchmaschine ist sogar in der Lage, die Ergebnisse nach voraussichtlicher Wichtigkeit zu sortieren. Was sie jedoch noch nicht kann ist: schmecken.

Die Wichtigkeit einer Antwort ist bei Google nach einem weitgehend geheimen Algorithmus berechnet worden. So spielt unter anderem die Anzahl von Links auf eine Seite eine große Rolle. Sind die verweisenden Seiten selbst wichtig (was wiederum von Links auf eben diese Seiten abhängt) und am besten noch aktuell, steigt auch der Index der Hot Dog Seite und sie erscheint beim Googeln auf der ersten Seite.

Zieht man das in Betracht, wird klar, worauf sich Google verlassen muss. Auf andere Webseiten-Administratoren, Webdesigner und Nutzer von Internetforen. So wird auch die Suche nach dem leckersten Hot Dog in einer Stadt zwangsläufig zur Abhängigkeit von Mathematik.

Hat nämlich ein cleverer Administrator die Begriffe »gut«, »lecker« und »Hot Dog« in Verbindung mit der Stadt häufig auf anderen Seiten platzieren können, heißt »gut« und »lecker« das, was der Besitzer der Bude darunter versteht. Muss dieser labberige Brötchen mit Billigwürstchen verkaufen, weil seine fettverschmierte Bude sonst morgen schon zusperren kann, ist »gut« wohl eher relativ zu sehen.

Wenn Google in Zukunft also auch noch schmecken können soll, muss es sich mit seinem Algorithmus an die neueste Generation der Suchmaschinen anpassen. Diese binden bereits soziale Netzwerke mit ein und die Suche erweitert sich um persönliche Meinungen. Die erste Generation dieser sozialen Suchmaschinen ist bereits im Web erreichbar. Noch werden die Anfragen dort an registrierte Nutzer gestellt, die diese beantworten. Die gewohnten Antwortzeiten von Google sind also nicht zu erzielen - manchmal dauert es ein paar Tage, bis die erste Antwort eintrudelt. Aber auch daran wird schon gearbeitet. So sollen Verknüpfungen mit Facebook und anderen Netzwerken hier Besserung bringen.

Suchen Sie also in den nächsten Jahren nach dem besten Hot Dog der Stadt, dann werden Sie Antworten erhalten, die von Erfahrungen geprägt sind. Möglicherweise hat eine Facebook Bekanntschaft einer Facebook Bekanntschaft ja schon einmal einen Hot Dog probiert und diesen für gut befunden. Solche Tipps sind Gold wert und wenn den Suchmaschinen das Einbinden menschlicher Erfahrungen wirklich praxistauglich gelingt, wird sich das Gold auch in den Aktienkursen der Unternehmen wiederfinden.

Eine Hürde gilt es jedoch noch zu erklimmen. Wünscht der Anfragende persönliche Ergebnisse aus dem eigenen Umfeld, ist eine Anonymisierung unumgänglich. Was bei der Frage nach »wer macht den besten Hot Dog in München« kein Problem ist – nämlich, dass Peter F. schon mal einen probiert hat, kann bei anderen Fragen schon mal unangenehm werden. Denken Sie nur an Fragen zur Linderung von Hämorrhoiden – wer möchte da schon gerne mit vollem Namen ganz oben in der Trefferliste stehen? Am besten noch mit Foto, die Bildersuche – samt Gesichtserkennung – macht es möglich.

Der Begriff Hot Dog kommt übrigens vom Dackel. Die Würstchen, die Harry Stevens im New Yorker Stadion der Giants verkaufte waren dünn, lang und deutsch (»Frankfurter«) – genau wie der Dackel. Und als 1903 eine Karikaturzeichnung in einer Zeitung einen Dackel in einem länglichen Brötchen zeigte, war der Name geboren. Übrigens enthält der *Heiße Hund* im Original nur Schweinefleisch – hierzulande zumindest, in China wäre ich mir da nicht so sicher.

5.11 .berlin .berlin Wir surfen nach .berlin

▨ Was man bei den neuen Webseiten-Endungen beachten sollte

Das, was bis vor kurzem nur den Spielern und Fans der Fußballmannschaften vorenthalten war, die das Endspiel um den DFB Pokal bestreiten durften – eine Fahrt nach Berlin nämlich – wird in Kürze uns allen und das auch noch täglich zugestanden. Mit einem Unterschied: Fußballfans müssen nach Berlin fahren, wir dürfen nach *.berlin* surfen! Hurra.

Im Juni 2011 hat die ICANN, eine internationale Organisation, die über die Namenskonvention von Internetadressen wacht, eine bahnbrechende Entscheidung getroffen. Bis dahin gab es nur Webseiten mit Endungen wie *.de* oder *.com*. Nahezu jedes Land der Erde hatte eine zweistellige Endung, unter der jede Firma ihren eigenen Namen reservieren konnte. Es gab – wie *.com* für kommerzielle oder *.org* für Organisationen – nur wenige Endungen, die anders und länger gestrickt waren. Die ICANN hat sogar lange Zeit zweistellige Namen **vor** der Endung verboten, mit 26*26 Stück gab es einfach zu wenige für das große weite Netz. Hewlett Packard war eine der wenigen Firmen, denen dies vor vielen Jahren noch geglückt ist, daher erreichen Sie die auch unter *www.hp.com*.

Die Länderkennungen (ccTLD bzw. country code Top Level Domain) richteten sich in gewissem Maße an bekannte Vorgaben wie ISO 3166, was manchen kleinen Ländern ein ganz neues Einnahmepotential ermöglichte. Es konnten so nämlich witzige Wortspiele oder sogar Werbebotschaften mit Webseitenadressen erzeugt werden. *www.rasselban.de, www.try.it* oder *www.help.me* sind ein paar Beispiele, ebenso wie *www.11freun.de* oder *www.schokola.de*. Ich selbst habe das mit der deutschen Endung bei *www.alter-schwe.de* sowie mit der italienischen Endung bei *www.sichere.it* selbst genutzt.

Was die ICANN beschließt, beschließt sie. So konnte das Bundesland Bayern nur tatenlos zusehen, wie die auf Autoaufklebern an königstreue Bayern verkauften Plaketten mit BY plötzlich im Internet auf *.by*, also Weißrussland zeigten. Dumm gelaufen.

Nun aber wird die ICANN beliebige Endungen an Webseiten zulassen. Damit soll der Verknappung sinnvoller Adressen vorgebeugt werden. Interessante URLs, wie die Webadressen auch genannt werden, sind mittlerweile rar.

www.bank.de oder *www.versicherung.de* wären wertvolle Namen, die sind aber alle schon lange weg.

Mit der neuen Regelung konnten Sie selbst nun auch *www.familie.mueller* als Ihre eigene Seite anlegen. Allerdings müssten Sie das *.mueller* erst einmal bei ICANN kaufen – und das wird teuer.

Jede neue TLD (Top Level Domain) wird deutlich über 150.000 Euro kosten und dann noch einmal einen vier bis fünfstelligen Betrag jährlich. Da müssten Sie also schon ein reicher Müller sein oder gar eine gleichnamige Molkerei betreiben. Sonst wird es budgettechnisch wohl eng mit dem nächsten Familienurlaub.

Eine Stadt wie Berlin jedoch könnte das Geld für ihre Bürger ausgeben. Sicherlich lässt sich streiten, ob das Geld nicht sinnvoller, z.B. in KiTas investiert werden sollte. Aber, man kann damit ja auch wieder Geld verdienen. So ist es denkbar, dass sich die Stadt die Endung *.berlin* sichert und dann an Firmen und Bürger der Stadt weitervermietet. Dann könnte der Türke um die Ecke für vielleicht 50 Euro im Jahr *www.doener.berlin* sein Eigen nennen. Alles in allem wohl ganz sinnvoll – auf den ersten Blick.

Es gibt jedoch zwei große Probleme. Thema Nummer eins sind gleiche Namen auf dieser Welt. So nennt Frankreich ein recht bedeutendes Paris nicht nur sein Eigen, sondern auch seine Hauptstadt, die Amerikaner hingegen haben auch ein Paris. Das liegt in Texas, ist wesentlich kleiner und hat weder einen Eifelturm, noch ein Schloss. Wer aber soll denn nun *.paris* als Endung bekommen dürfen? Der Schnellere (die Amerikaner?) oder der Größere (die Franzosen?). Die ICANN lässt ein Gremium darüber entscheiden. Dieses prüft, wer die Endung eher verdient hat. Das geht sicherlich nicht immer nach eindeutigen Gründen. Zählt die Anzahl der Einwohner, die Fläche oder das Alter der Stadt? Wer legt diese Kriterien fest? Wird es gar eine Umfrage geben – wenn ja, in Frankreich, in Amerika oder in Nigeria? Sie merken selbst, da steht ein Streit um die eine oder andere Endung schon am Horizont.

Auf jeden Fall wird es bei manchen Domain-Endungen auch um finanziellen Anreiz gehen. Das, was bei *.paris* problematisch, aber wohl lösbar scheint, endet bei Endungen wie *.fussball*. Wer bitteschön sollte hier den Vorzug bekommen? Ich prophezeie, dass es der wird, der am meisten zahlt. Sei es in Form von Spenden oder Naturalien (was bei *.geld* noch geht, bei *.fussball* jedoch schon schwieriger wird). Hoffentlich wird die ICANN dann nicht wie die FIFA.

Damit sind wir dann auch schon beim zweiten Problem, das uns treffen wird. Wer *www.irgendwas.berlin* ansurft, erwartet auch, dass sich dahinter ein Angebot der Stadt Berlin findet. Oder zumindest, dass die Anbieter der Unterseiten von der Stadt zumindest überprüft worden sind. Schlimmstenfalls hat sich jedoch ein Investor aus Übersee (nicht das am Chiemsee in Bayern, das in Übersee) die Domain *.berlin* gesichert und verscherbelt Unterseiten an jeden x-beliebigen, der Geld dafür hergibt.

Dann kann es passieren, dass uns überteuerte Angebote angedreht werden oder uns schlimmstenfalls gar Abzocker die Kohle für Stadtrundfahrten im Voraus aus der Tasche ziehen – und dann nicht leisten. Ärger dürfte dann die Stadt bekommen, denn als Geschädigter würde ich mich als erstes direkt an diese wenden.

Viel schlimmer jedoch wird es werden, wenn Sie so eine tolle Webadresse wie *www.doener.berlin* haben, diese monate- oder gar jahrelang in Werbung und Anzeigen bekannt machen und dann der Stadt Berlin das Geld ausgeht oder ein Senatsbeschluss die Verlängerung von *.berlin* ablehnt. Da Ihre Domain **unter** *.berlin* (TOP Level Domain) liegt, geht Ihre Webseite dann nämlich auch gleich flöten.

Kurzum, beim Anbieter von Webadressen, ebenso beim Surfen auf Seiten sollten wir zukünftig noch mehr darauf achten, wer tatsächlich hinter einem Angebot steckt. Beim DFB Pokalfinale brauchen wir das nicht. Das findet laut Deutschem Fußball Bund auch in den nächsten Jahren sicher wieder in Berlin statt. Und zwar in keinem der 30 Berlins in den USA, auch nicht in Berlin in Südafrika, El Salvador, Kolumbien, Ontario, Nicaragua, Russland oder gar Osttimor. Gemeint ist das Berlin in der Nähe von Potsdam.

5.12   Erst gucken, dann anfassen

▨ Wie ein Link im Internet manipuliert werden kann

Wenn Sie des Öfteren auf Kongressen sind, dann kennen Sie sicher auch die üblichen Buffets der Hotelketten. Ganz erstaunlich oft gibt es dort kleine Frikadellen (auch Fleischpflanzerl oder Bouletten genannt), Mozzarella-Sticks, Frühlingsrollen und Chicken-Wings. Das ist sogenanntes Fingerfood. Es ist kostengünstig, einfach in der Ausgabe, denn jeder greift mit seinen eigenen Fingern zu, und praktisch ist es auch, weil wenig Geschirr und Besteck zu reinigen ist.

Haben Sie sich noch nie gefragt, warum so viele Hotels exakt das gleiche Fingerfood anbieten, das auch völlig identisch schmeckt und aussieht? Man kann es säckeweise im Großmarkt kaufen, ganz einfach deshalb. Blöd nur, dass es Sie mindestens zwei Tage lang »verfolgt«. Durch unkontrollierbares Aufstoßen teilen Sie nämlich der halben Belegschaft mit, dass Sie gestern auf einer Konferenz waren. Gerade die kleinen Frikadellen sorgen so für großes Aufsehen.

Bei Links in E-Mails kann Ihnen ähnliches widerfahren. Da stellt man Ihnen etwas Leckeres in Aussicht und wenn Sie zugreifen bzw. draufklicken kann es passieren, dass Sie noch Tage später daran zu knabbern haben, weil Ihnen der Link sauer aufstößt.

Vielleicht kennen Sie diese häufigen Sätze in Mails, wie *»Wenn Sie mehr erfahren möchten, klicken Sie hier.«* oder *»Hier geht es zum Gewinnspiel.«* Unter dem Wörtchen *HIER* verbirgt sich meist ein Link, was man oft auch durch eine andere Schriftfarbe und das unterstrichene Wort erkennt. HTML, die Sprache, die die Darstellung von Webseiten aber auch E-Mails beschreibt, erlaubt es, den Link durch ein anderes Wort zu ersetzen. Das tatsächliche Ziel bleibt dem Leser auf den ersten Blick verborgen.

Das ist sicherlich sehr hilfreich und auch hübscher, als wenn in einer grafisch gestylten Gewinnspielmail steht *»Wenn Sie an der Verlosung teilnehmen möchten, dann klicken Sie doch bitte auf http://www.diewerbendefirma.de/gewinnspiel 2012/fragebogen.php?teilnehmer=ihreMailadresse@ihrProvider.de&identCode=47110 815.«*

Wie sieht das denn aus, das geht ja gar nicht.

Nur, wo geht der Link denn tatsächlich hin? Was verbirgt sich unter dem Wörtchen *HIER*? Das kann man recht einfach herausfinden. Jeder bekannte Browser zeigt das Ziel des Links an, wenn man mit der Maus einfach darüber fährt und den Mauscursor auf dem Wörtchen *HIER* kurz ruhen lässt. Nur, warum ist das wichtig? Und warum sollte ich das tun?

Ganz einfach, weil es eine gängige Methode ist, Ihnen einen falschen Link unterzujubeln, um Sie ganz bewusst auf eine falsche Seite zu entführen. Stellen Sie sich vor, Sie sind Kunde der 4711-Bank, die Sie bekanntermaßen unter *www.bank4711.de* erreichen. Nun bekommen Sie eine Infomail und da steht: *»Wir haben alles toller gemacht. Unser überarbeitetes Onlinebanking-System finden Sie wie gewohnt auf http://www.bank4711.de«.*

Auf den ersten Blick alles kein Problem, der Link ist der richtige, das sehen Sie sofort, denn den tippen Sie ja auch sonst immer selbst im Browser ein, wenn Sie online Bankgeschäfte tätigen. Klicken Sie auf den selbigen, öffnet sich die leicht veränderte (weil ja angeblich überarbeitete) aber durchaus wiedererkannte Seite Ihrer Bank. Nur sind Sie jetzt keineswegs mit Ihrer Bank verbunden, denn der Link hat Sie gelinkt und Sie sind auf einer fremden Webseite gelandet.

Der Autor der Mail, übrigens keineswegs Ihre Bank, hat anstelle des Wörtchens *»hier«* einfach *»www.bank4711.de«* geschrieben. Das wird Ihnen angezeigt, wie sonst das Wörtchen *»hier«*, doch was sich darunter verbirgt, finden Sie nur heraus, wenn Sie darüber Ihre Maus kreisen lassen.

Nichtsdestotrotz sollten Sie auch da genau hinsehen. Denn steht dort jetzt plötzlich *www.bank47ll.de* mit zwei kleinen *»L«* anstelle zweier Einsen, ist das nicht immer ganz leicht zu erkennen und auch da landen Sie irgendwo, nur nicht bei Ihrer Bank.

Der Fairness halber muss gesagt werden, dass das nicht nur und auch nicht hauptsächlich mit Bankseiten gemacht wird. Auch Microsoft-Updates oder Gewinnspiele bekannter Hersteller verführen so auf falsche Seiten, die dann ganz gerne Ihre echten Zugangsdaten abfragen. Also immer erst gucken, dann anfassen.

Abbildung 5-9: Ein Link zeigt sein wahres Ziel

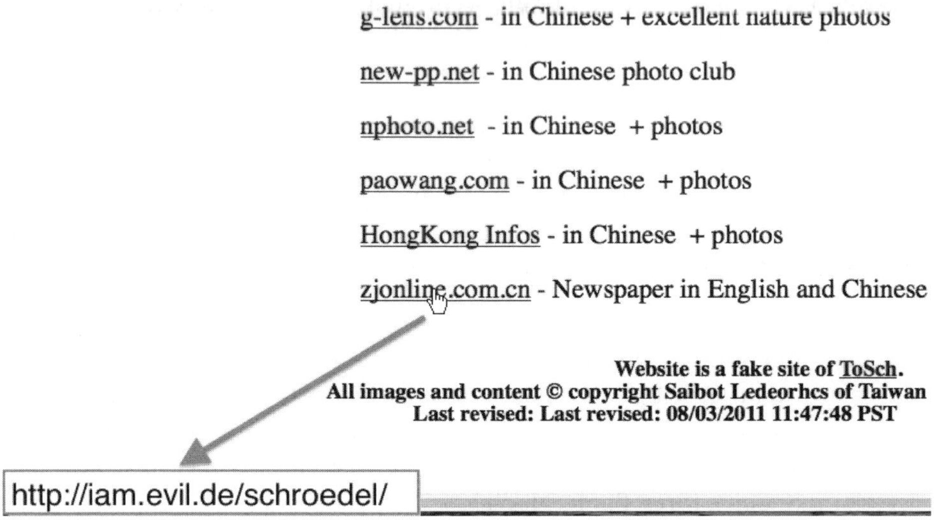

g-lens.com - in Chinese + excellent nature photos

new-pp.net - in Chinese photo club

nphoto.net - in Chinese + photos

paowang.com - in Chinese + photos

HongKong Infos - in Chinese + photos

zjonline.com.cn - Newspaper in English and Chinese

Website is a fake site of ToSch.
All images and content © copyright Saibot Ledeorhcs of Taiwan
Last revised: Last revised: 08/03/2011 11:47:48 PST

http://iam.evil.de/schroedel/

5.13 Gartenparty

■ Wer haftet eigentlich, wenn die Tochter über Facebook die ganze Welt einlädt

Wenn eine Reiterstaffel der Polizei vor der Türe steht, wenn eine Hundertschaft in Schutzkleidung vor dem Gartentürchen Position bezieht, wenn Horden unbekannter Jugendlicher die Vorgärten der Nachbarn durchpflügen, spätestens dann stellen sich Eltern die Frage: »Wer soll das bezahlen?«

Thessa vergaß, eine Einladung via Facebook als *Privat* zu markieren, und lud so die ganze Welt zu ihrem sechzehnten Geburtstag ein. Glücklicherweise kamen nur rund 1.500 feierwillige Jugendliche ins beschauliche Bramfeld. Eine Gartenlaube brannte ab und die Zahl der Festnahmen pendelte sich letztlich bei Elf ein.

Grundsätzlich gilt das Verursacherprinzip, so liest man zumindest überall und trotzdem scheint bisher kaum jemand (niemand?) für eine derart missglückte Einladung zur Kasse gebeten worden zu sein. Das kann daran liegen, dass die Kinder überzeugend darlegen konnten, dass es ein Versehen und keine Absicht war und die Veranstaltung umgehend nach Erkennen des Fehlers gelöscht wurde. Wenn Andere die Einladung trotzdem weiterschicken wie einen Kettenbrief, kann man selbst ja wohl kaum noch Verursacher sein, oder?

Solche Vorfälle werden die Gerichte in den nächsten Jahren sicherlich noch ein paar Mal beschäftigen. Sollte das Verursacherprinzip greifen, stellt sich aber auch die Frage nach den Kosten der Polizeieinsätze bei Fußballspielen oder Castor-Transporten. Verursacher sind hier der DFB und die AKW-Betreiber.

6 Online Banking

6.1 Der Bankschalter im Wohnzimmer

▓ Wie sicher ist Online Banking mit PIN und TAN

Ich erinnere mich noch ganz genau, wie ich meine erste Überweisung von zu Hause per BTX getätigt habe. Ein erhabenes Gefühl, dieses ungewohnte Vertrauen der Bank. Eine direkte Verbindung zwischen meinem Wohnzimmer und dem Safe der Bank – und das ohne Ausbildung zum Bankkaufmann[(m/w)]. In der Zweigstelle hatte man mich kurz vorher noch mit Panzerglas von den paar Kröten in der Kasse abgeschirmt.

Doch wo ist das Panzerglas beim Online-Banking? Reichen fünfstellige PINs und sechsstellige TANs wirklich aus um die virtuellen Panzerknacker von meinem Geld fern zu halten? Betrachten wir die unterschiedlichen Verfahren beim Online-Banking doch mal genauer.

Allen gemeinsam ist die PIN, quasi das Passwort zur Kontonummer beim Zugang zum elektronischen Bankschalter. Eine meist nur fünfstellige Zahl, was meine inneren Alarmglocken sofort schrillen lässt. Passwörter dieser Länge knacke ich in wenigen Minuten. Werden – wie bei der PIN – nur Ziffern verwendet, dann benötige ich gar nur Millisekunden. Banken verwenden daher nur verschlüsselte Verbindungen. Sie erkennen das an der gelben oder grünen Addressleiste Ihres Browsers bzw. an dem geschlossenen Schloss-Symbol. Ihr Internet-Browser baut eine gesicherte Verbindung ganz alleine auf. Dazu handelt er mit dem Server der Bank ein Passwort aus und beide verschlüsseln die jeweiligen Informationen damit.

Durch eine verschlüsselte Verbindung wird die fünfstellige PIN mit mindestens 128bit verschlüsselt, was einem 16-stelligen Passwort entspricht. Sie steckt also in einem dicken Safe und wird nicht auf einer Postkarte transportiert. Somit sind selbst vierstellige PINs ausreichend geschützt. Um diesen virtuellen Safe zu knacken und die PIN zu lesen, brauche ich mehrere tausend Jahre. Bei der aktuellen Inflationsrate ergibt es nach diesem Zeitraum auch keinen Sinn mehr, wenn die Verbindung geknackt wurde. Der Gegenwert des Maximalbetrages einer Überweisung dürfte dann bei dem einer Packung Kaugummis liegen, wenn überhaupt.

Wir sollten auch eines nicht vergessen: Die PIN liefert lediglich den Zugang zu Ihrem Konto. Ein Hacker kann sehen, wie viel Geld oder Schulden Sie haben. Um jedoch eine Transaktion auszuführen, ist zusätzlich noch eine TAN von Nöten. Die steht auf Papier gedruckt und liegt – hoffentlich – sicher und unzugänglich verstaut an einem geheimen Ort. Viele haben sie nämlich offen in einer Schublade des Schreibtisches liegen. Sie hoffentlich nicht oder zumindest wenigstens ab jetzt nicht mehr. Anders als bei Pilswerbung gilt bei der TAN-Liste nämlich der Grundsatz: Nicht gucken, nur anfassen!

6.2 Ein Elektron, was kann das schon?

▧ Was man benötigt, um eine sichere Verbindung zu knacken

Wenn ich im Supermarkt eine Batterie kaufe, dann schleppe ich eine ungeheure Menge an winzigkleinen Elektronen nach Hause. Haben Sie sich schon einmal überlegt, wie viele Elektronen wohl in so einer Batterie stecken? Ganz viele winzige Kraftwerke sind das, die unseren mp3-Player antreiben.

Aber haben Sie schon mal eines gesehen? Ich nicht. Sie verrichten Ihre Arbeit in der Dunkelheit der nano-Welt. Vielleicht kann so ein Elektron mehr als nur spröde Energie übertragen? Vielleicht hat es Gefühle, vielleicht kann es denken oder gar rechnen.

Nehmen wir einmal an, ein solches winzigkleines Elektron könnte eine Entschlüsselungsmaschine sein. Ein extrem schneller Rechner, mit dem wir die so genannte »sichere https-Verbindung« einer Home-Banking-Anwendung knacken wollten. Jedes dieser Elektronen würde zudem in einem Frequenzbereich der Röntgenstrahlen arbeiten. Das sind 10^{15}Hz und damit das zigfache dessen, was der neueste PC von Aldi heute zu leisten vermag. Ein winziger Hochleistungsrechner halt.

Um den 256bit-Schlüssel einer gesicherten Online-Verbindung zu finden, müsste man nach heutigem Wissen alle möglichen Schlüssel ausprobieren. Wenn wir durchschnittlich nach der Hälfte aller möglichen Versuche erfolgreich sind, benötigen wir immerhin noch jeweils rund $2{,}5 \cdot 10^{77}$ Versuche. Das ist eine Zahl, die 69 Stellen mehr hat, als die Chance im Lotto 6 Richtige samt Superzahl[14] zu treffen. Ziemlich viel Holz also.

Diese Art des Hackens wird allgemein BruteForce Angriff genannt. Mit brutaler Kraftanstrengung werden alle nur möglichen Schlüssel systematisch der Reihe nach ausprobiert – bis einer passt. Ich denke, der Name kommt nicht etwa daher, dass das Opfer – also die verschlüsselte Verbindung – brutaler Gewalt ausgesetzt wird. Vielmehr ist es ein brutaler Kraftakt und Aufwand für den Angreifer selbst.

---

14 Die Chance im Lotto den Jackpot mit 6 Richtigen samt Superzahl zu haben, liegt bei nur 1:140 Millionen.

Um schließlich in einem Jahr garantiert den richtigen Schlüssel zu finden, brauche ich eine ganze Armada an Elektronen. Es sind 10^{55} Elektronen die alle ziemlich schnell arbeiten müssten. Ziemlich genau 10.000.000.000.000.000.000. 000.000.000.000.000.000.000.000.000.000.000 Stück.

Nun hat ein Elektron auch ein Gewicht, nämlich 10^{-27}g – das sind 27 Nullstellen *hinter* dem Komma, und die fallen selbst bei Essgestörten auf der Waage nicht auf. Die zum Knacken benötigten Elektronen würden aber zusammen $10^{55} \cdot 10^{-27}$g wiegen. Das sind 10^{28}g, was in etwa dem Gewicht der Erde entspricht. Daher trägt eine sichere Verbindung ihren Namen völlig zu Recht. Außerdem hat mein Supermarkt gar nicht so viele Batterien.

6.3 Der unbekannte Dritte

▨ Wie funktioniert eine Man-in-the-Middle-Attacke

Wie schon in Hitchcocks Film gibt es immer wieder schlaue Leute, die gar nicht auf Gewalt, sondern Ihr Gehirn setzen. Einer hat sich die Frage gestellt, ob es nicht eine bessere Methode gibt, als blindwütig alle Schlüssel einer sicheren Verbindung auszuprobieren, um sie zu knacken. Angeblich kann man eine sichere Online-Banking-Verbindung durch eine Man-in-the-Middle-Attacke sehr schnell und einfach überlisten.

Eine Man-in-the-Middle-Attacke bedeutet, dass sich ein Mann zwischen Sie und die Bank schaltet. (Warum dieser Vorgang nicht auch Woman-in-the-Middle heißt, beantworte ich später.) Beim Aufbau der sicheren Verbindung zwischen Ihnen und der Bank – also beim virtuellen Schließen des Safes – tauschen Sie und Ihre Bank Schlüssel aus. Da Sie in Ihrem Wohnzimmer am PC sitzen und der Bankangestellte längst Feierabend hat, werden diese Schlüssel in Päckchen verpackt und über das Internet verschickt – mit einer noch weitgehend ungesicherten Verbindung.

Ein unbekannter Dritter könnte diese Päckchen mit den jeweiligen Schlüsseln einfach abfangen. Bevor er sie weiterschickt, geht er damit zum Schlüsseldienst um die Ecke und fertigt einen Zweitschlüssel an und schon ist Ihre sichere Verbindung ganz und gar nicht mehr sicher.

Klingt unheimlich einfach – ist es aber *nicht*. Auch wenn niemand den Schlüsseldiensten das Geschäft vermiesen will, hat die Internetgemeinde bei der Definition sicherer Verbindungen diese Möglichkeit in Betracht gezogen und verhindert. Es gibt nämlich zwei Schlüssel und anders als bei der Haustüre kann der Schlüssel, den Sie der Bank geben, das Schloss nur zusperren – niemals aber aufschließen. Der einzige Schlüssel zum Öffnen bleibt bei Ihnen. Die Bank macht das genau so. Sie schickt Ihnen einen Schlüssel zum Absperren und behält den einzigen, der dann das Schloss öffnen kann.

Senden Sie Ihrer Bank die Daten einer Überweisung mit Kontonummer, Betrag, Empfänger und Ihrer geheimen PIN zu, dann steckt der Internet Browser diese in einen Safe und schließt diesen mit dem Absperrschlüssel der Bank zu. Sie selbst – oder andere – können das Schloss nun nicht mehr öffnen, das kann nur noch die Bank. Diese sendet Ihnen umgehend eine Bestätigung der Überweisung, oder – im schlimmsten Fall – die Mitteilung, dass Ihr Konto nicht gedeckt ist. Auch diese Information schließt sie in einen Safe und schickt diesen an Ihren Browser – verschlossen mit Ihrem Absperrschlüssel, den sie der Bank zukommen ließen. Diesmal sind Sie der einzige Mensch auf der Welt, der aufsperren kann.

Der unbekannte Dritte muss sich also etwas mehr einfallen lassen als nur eine Kopie vom Absperrschlüssel zu machen. Er muss vier Schlüssel anfertigen: zwei Absperrschlüssel und zwei dazu passende zum Aufsperren. Gelingt es ihm, die ausgetauschten Absperrschlüssel von Ihnen und Ihrer Bank abzufangen, dann schickt er diese **nicht** weiter, sondern behält sie für sich. Je einen *seiner* selbst gefertigten Absperrschlüssel schickt er aber an Sie und die Bank – versehen mit dem Absender des jeweils anderen.

Da Sie nun im festen Glauben sind, Sie hätten den Absperrschlüssel der Bank, packen Sie Ihre PIN unbedarft in einen Safe, schließen ihn zu und senden diesen ab. Irrtümlich glauben Sie, dass nur die Bank den Safe öffnen kann.

Weit gefehlt, Sie haben den Schlüssel des unbekannten Dritten zum Sperren verwendet und er ist der Einzige, der aufsperren kann. Das tut er auch, liest Ihre PIN und die anderen Informationen. Damit sich der Aufwand lohnt, wird die Kontonummer des Empfängers noch schnell auf ein eigenes nicht nachvollziehbares Konto geändert und der Betrag auf das Tageslimit erhöht.

Die geänderten Daten packt er in einen neuen Safe, schließt ihn mit dem richtigen Absperrschlüssel der Bank ab und sendet diesen weiter. Die Bank kann den Safe öffnen – alles sieht danach aus, als ob dieser von Ihnen verschlossen wurde und niemand schöpft Verdacht.

Auch dieses Vorgehen klingt nicht schwer. Um eine solche Man-in-the-Middle Attacke durchzuführen, muss der unbekannte Dritte jedoch in Ihrem Keller an die Kupferkabel des Internetanschlusses heran, sich dazwischen klemmen und weiterhin den exakt richtigen Zeitpunkt Ihres Schlüsseltausches erwischen. Alles verbunden mit der Gefahr, dabei erwischt zu werden.

Nun sind Gauner auch Geschäftsleute (nicht immer nur umgekehrt). Der Business-Plan einer solchen Attacke geht einfach nicht auf. Der zu betreibende Aufwand und das Risiko, dabei erwischt zu werden, steht in keinerlei Verhältnis zum Nutzen. Mit einer derart ergaunerten PIN und TAN kann der Unbekannte nur das Tageslimit – meist läppische 2.000€ – auf das eigene Konto umleiten.

Es gibt weitaus einfachere, gefahrlosere und lohnendere Möglichkeiten an Geld zu kommen. Eine Scheidung zum Beispiel, womit die Frage beantwortet wäre, warum der elektronische Angriff auf sichere Verbindungen nur äußerst selten eine Woman-in-the-Middle-Attacke ist: das deutsche Familienrecht bietet Ihnen da ertragreichere Möglichkeiten.

6.4 Sicherheits-Getreide

▓ Wie die sichere Schlüssel-Übergabe beim Online-Banking funktioniert

Maiskörner hat die Natur mit einem derartig guten Schutzschild ausgestattet, da können sich sogar die Klingonen noch eine Scheibe abschneiden. Eine Hülle aus Protein schützt das nahrhafte Innere eines Maiskornes – unzerkaut – sogar vor den aggressiven Magensäften von Mensch und Tier.

So ein Schutzschild könnte auch beim Online Banking nicht schaden. Zwar ist die sichere Verbindung im PIN- und TAN-Verfahren weitgehend geschützt – gegen einen unbekannten Dritten (Man-in-the-Middle) hat sie aber keine Chance. Auch wenn ein solcher Angriff auf mein Konto in der Regel unattraktiv ist, die Gefahr besteht und die Banken sind sich dieser Gefahr durchaus schon länger bewusst gewesen.

Es musste also etwas Neues her, etwas das auch gegen Dritte schützt. Zwar ist nicht bekannt, ob der Mais als Vorbild gedient hat, die Funktion seiner Hülle wurde jedoch übernommen. FinTS heißt das Zauberwort, das vor gut zwei Jahren noch HBCI hieß und unter diesem Namen auch noch weitaus bekannter ist.

Es galt also, die Daten in ein Maiskorn zu stecken, das gegen die Magensäureangriffe der Hacker im Internet geschützt ist. Das Protein zum Durchdringen der Schale der von uns gesendeten Maiskörner durfte nur die Bank haben. Für Nachrichten der Bank an uns dagegen nur wir. Bis hierher haben wir eigentlich das gleiche Prinzip wie mit den Ab- und Aufsperrschlüsseln beim PIN- und TAN-Verfahren.

Die Schwachstelle der Schlüsselübergabe, dessen was ich bei HBCI das Protein nenne, musste aber anders gelöst werden. Damit sich hier niemand dazwischen klemmt, kann der Austausch nur gesichert stattfinden. Und wo geht das einfacher als am Bankschalter – von Angesicht zu Angesicht. Sie müssen also erst einmal in das Bankhaus gehen und dort unter Vorlage eines amtlichen Lichtbildausweises ihr Protein – Zertifikat genannt – abholen. Dieses bekommen Sie nicht in einem Reagenzglas, sondern in Form einer – *schon wieder eine* – Scheckkarte.

Allein 2008 wurden einige Tausend dieser Plastikkarten als verloren oder gestohlen gemeldet. Besonders Vertrauen erweckend sind sie also nicht und der Vorteil des persönlichen Miteinanders bei der Abholung selbiger scheint auf den ersten Blick wieder eingebüßt. Bei genauerem Hinsehen stellen Sie aber fest, dass weder das Protein zum Öffnen der für Sie bestimmten, noch die Hüllen der an die Bank gerichteten Maiskörner so einfach aus der Karte herauszulesen sind. Auch hier hängt nämlich ein dickes Schloss.

Neben Ihrer Hand drückt der Bankangestellte beim Abschied aber noch etwas anderes. Nämlich Ihnen einen Kartenleser in die Selbige. Einmal am Computer installiert, erwartet der Kartenleser Ihre HBCI-Karte und schon können Sie völlig sicher und nach heutigem Stand der Technik absolut abhörsicher mit Ihrer Bank banken.

Das Schloss an der Karte zur Protein-Ausschüttung öffnen Sie mit – was sonst – einer PIN. Und weil es böse Programme oder kleine Stecker gibt, die die Eingabe Ihrer PIN auf der Computer-Tastatur mitlesen können, verfügt der Kartenleser über eigene Zifferntasten und ist versiegelt.

Maiskörner transportieren keine Informationen. Sie möchten selbst transportiert werden. Um an anderer Stelle eine neue Maispflanze zu werden. Dazu nehmen Sie eine stundenlange Reise durch einen fremden Darm in Kauf. Die Hoffnung dass der Körnerfresser sich nach dieser Zeit an anderer Stelle aufhält und die Maiskörner durch natürliches Ausscheiden nicht nur sät, sondern auch mit Nährstoffen versorgt, klappt vorzüglich.

Nur beim Menschen funktioniert das nicht mehr. Als Alexander Cummings 1775 das Patent für ein Wasserklosett zugesprochen wurde, war ihm sicherlich nicht klar, was er den Maiskörnern damit antut.

6.5   The revenge of the Sparkasse

▧ Wie sich Banken gegen Phishing wehren

Sparkassen sind ja die Lämmer unter den Banken, so glaubt der Volksmund. Die fast schon genossenschaftlichen Vorgaben, wie sie das Geld ihrer Kunden anlegen müssen, hat ihnen in Zeiten der Bankenkrise tausende neuer Kunden beschert.

Doch beim Kampf gegen Phishing zeigen sie die Schärfe ihrer Zähne ähnlich deutlich, wie das die Löwen unter den Banken tun. Aber alles still und heimlich.

Alle paar Tage erreichen uns Mails, in denen eine Bank erklärt, dass sie ihr Sicherheitssystem überprüfen muss. Bitte geben Sie dazu auf www.spaarkasse.de Ihre PIN und am besten gleich drei TAN Nummern ein.

Nun, die wenigsten fallen darauf herein, jedoch gibt es immer ein paar Promille der Mailempfänger, die genau das doch tun. Bei 20 Millionen solcher E-Mails, durchaus ein guter Schnitt an Menschen, denen man einen schönen Betrag vom Konto abschneiden kann. Die Banken warnen davor, aber was tun sie tatsächlich *gegen* solche Mails?

Nur eine der Möglichkeiten, die tatsächlich ausgeschöpft wird, ist eine dDOS Attacke. Diese distributet Denial Of Service Attacke erklärt sich namentlich am Aufbau der ganzen Aktion. Mehrere verteilte Rechner in den verschiedensten Niederlassungen verstreut wählen sich automatisiert ins Internet ein. Dabei nutzen sie nacheinander verschiedene Internet Provider. Erst T-Online, dann Alice, O2, Vodafon, NetCologne und wie sie alle heißen.

Bei jeder Einwahl erhalten die Rechner eine neue IP-Adresse und damit auch jedes Mal eine neue Identität. Der böse Server der Bösen, den sie nun ansprechen, wird also glauben, es handelt sich bei jedem Aufruf um einen neuen ahnungslosen Bankkunden.

Doch nun schlagen die Sparkassen und Banken zurück. Schön langsam und mit einer zufälligen Verzögerung beim automatisierten Ausfüllen, wird der gefälschten Bankseite eine Kontonummer, eine PIN und auch drei TAN Nummern übermittelt. Tausendfach – und alle falsch. Falsche Kontonummer, falsche PIN und falsche TAN.

Während die Phisher irgendwo auf diesem Planeten sich schon als Dagobert wähnen, gibt es natürlich auch diejenigen Menschen, die im Tal der Ahnungslosen wohnen und ihre echten Daten übermitteln. Immer noch in der irrigen Annahme, die Bank überprüfe ihr Sicherheitssystem.

Die Gauner haben nun eine Datenbank voller Bankzugangsdaten, doch nur einige wenige davon sind echt und funktionieren auch. Doch welche? Da kann die Spaakasse mit zwei a nur raten und sich auf die Suche nach der Nadel im Heuhaufen machen.

Phishing wird erst aufhören, wenn es sich nicht mehr lohnt, wenn also alle mitbekommen haben, dass Banken niemals und unter keinen Umständen Zugangsdaten oder Geheimzahlen per E-Mail oder sonst wie anfordern. Eigentlich sollte man meinen, dass das mittlerweile jeder weiß. Allerdings kenne ich auch heute noch Menschen, die versuchen, bei Tetris den höchsten Turm zu bauen.

6.6 Zufällig ausgewählt

▓ Wie die iTAN funktioniert und warum sie eingeführt wurde

Sagt die Null zur Acht: »Schöner Gürtel«. Ein alter Kalauer, ich weiß, aber die Schönheit der Zahlen ist schon ganz erstaunlich. Haben Sie sich schon einmal Ihre TAN Liste vom Online Banking angesehen? Einhundert oder mehr sechsstellige Zahlen stehen da drauf. In Reih und Glied, sauber in Spalten untereinander. Und weil das offenbar noch nicht genug Zahlen sind, schreibt die Bank auch noch welche davor. Eine Nummerierung, jede TAN bekommt eine eigene fortlaufende Nummer. Zahlensalat ohne Ende.

Vor einiger Zeit brauchte die TAN noch keine Nummer. Jede für sich war gleichberechtigt, eine beliebige Transaktion im virtuellen Zahlungsverkehr auszulösen. Doch dann kamen die Bösen und nahmen den TANs ihre Unschuld, in dem Sie Nutzer dazu brachten, neben PIN auch TAN Nummern weiterzugeben. Vorgegaukelt wurden Wartungsarbeiten oder Überprüfungen des Datensatzes. Begleitet von einer E-Mail und einer nachgemachten Webseite der Bank. Die ersten davon mit grammatikalischen Fehlern und Satzbauten, die sogar ABC-Schützen sofort aufgefallen wären. Manche Sätze wurden sogar gar nicht erst zu Ende

Offenbar traute ein Teil der Teilnehmer am elektronischen Bankverfahren den Angestellten des örtlichen Geldinstituts derartige orthografische Schwächen durchaus zu. Der Schaden stieg, das Vertrauen sank und die Banken reagierten schnell.

Mit den ergaunerten TANs konnte man nur deshalb Unfug treiben, weil jede TAN für jede beliebige Transaktion gültig war. Würde die Bank jedoch die TAN Nummern abfragen – in einer unbekannten Reihenfolge – dann, ja dann müssten die virtuellen Bankräuber alle Hundert kennen, um definitiv die nächste gewählte TAN zur Hand zu haben.

Sollte jemand tatsächlich fünfzig oder mehr TANs aufgrund einer E-Mail Nachricht in eine Webseite eintippen, dann würde auch ein Gericht eine nicht geringe Teilschuld wegen völliger Abwesenheit des Geistes unterstellen. Trotz allem tauchen bis heute Phishing Mails auf, die allen Ernstes verlangen, die gesamte TAN-Liste abzutippen.

Abbildung 6-1:   Eine gefälschte Postbank-Seite verlangt 50 TANs

---

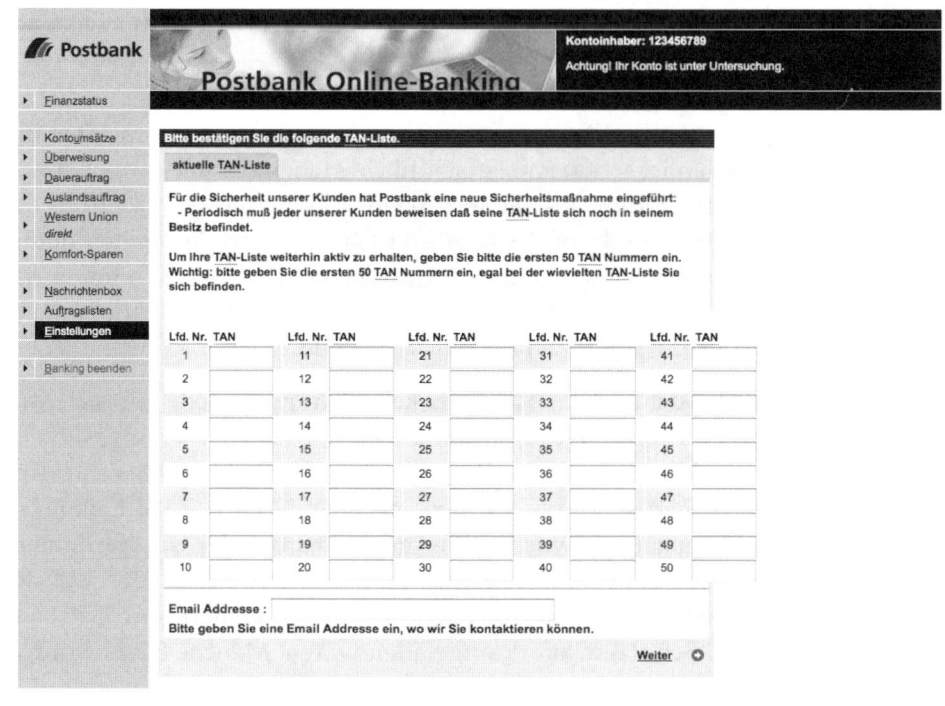

Die Banken gaben jeder TAN eine Nummer und fortan wurde bei jeder Überweisung eine ganz bestimmte abgefragt. Möglichst zufällig verteilt natürlich und ohne nachvollziehbares Muster. Toll, so einfach war es, dem ganzen Spuk ein Ende zu setzen. Und gekostet hat diese Maßnahme auch nicht viel. Hatte ein Betrüger drei Transaktionsnummern ergaunert, musste er das Glück haben, dass eine der drei Nummern gerade für die nächste Überweisung abgefragt wurde. Die Chancen waren gering, die Einnahmen versiegten und so wurde zum Gegenschlag ausgeholt.

Was kaum jemand ahnte, war die Tatsache, dass Internetbenutzer durchaus auch mal mit Wartezeiten rechnen. Selbst in Zeiten des flotten DSL dauert es manchmal ein paar Sekunden, bis die nächste Seite aufgebaut wird. Besonders dann, wenn Daten nachgeladen werden müssen, ein bekanntes Verhalten.

Die Phishing-Betrüger hatten in der Zwischenzeit ein paar Dolmetscher und Webdesigner eingekauft und bauten täuschend echte Bankseiten nach, kaum zu unterscheiden vom Original. Kurz darauf rollte in fehlerfreiem Deutsch die nächste Welle betrügerischer Mails auf uns zu. Fiel jemand auf eine solche Mail herein, wurde er auf eine vertraut wirkende Bankseite geleitet und aufgefordert, Kontonummer und PIN einzugeben. Die Abfrage einer TAN – also das eigentliche Ziel der Aktion und goldener Schlüssel zum Geldabheben – wurde **nicht** abgefragt. Noch nicht.

Um Geld auf ein am besten ausländisches Konto zu transferieren muss bekannt sein, welche TAN die Bank als nächstes haben möchte. Als wird dem Opfer beim Klick auf den *Weiter* Button eine sich drehende Sanduhr angezeigt. Ein bekanntes Symbol für Wartezeit und der Text verrät sogar, was im Hintergrund gerade passiert. »Hole Daten vom Server« steht da, oder »Daten werden geladen. Bitte warten. «

Das ist natürlich gelogen. Im Hintergrund wird schnellstmöglich eine Überweisung angestoßen. Kontonummer und PIN sind bekannt, also kann die Überweisung ausgefüllt und abgeschickt werden. Ausgeführt wird sie jedoch nicht, denn erst will die Bank eine TAN – und zwar eine TAN mit einer ganz bestimmten Nummer. Und diese Nummer wird nun – zwangsläufig – angezeigt.

Ahnungslos warten die Opfer noch immer vor der Sanduhr, bis der böse Server weiß, welche TAN die Bank denn nun haben will. Kurz bevor das letzte Körnchen in das untere Glas gefallen ist, wird sie dem Nutzer auch präsentiert. »Bitte geben Sie die TAN mit der Nummer 17 ein«. Fest im Glauben, gerade seine Kontaktdaten zu bestätigen oder dem »Sicherheitsbeauftragten« der Bank einen Dienst zu erweisen, verschwinden im Hintergund – just in diesem Moment – auf nimmer Wiedersehen ein paar tausend Euro vom Konto.

Das iTAN Verfahren   indizierte TANs, so der Name – war geknackt. Nur wenige Wochen nach seiner Einführung und jeder dachte, das kann nie passieren.

6.7 Mobiler Hilfssheriff

▓ Was die mTAN besser kann als die iTAN

Ein wirklich sicheres Vorgehen beim Online Banking stellen die Banken ihren Kunden schon länger zur Verfügung. Mittels HBCI-Karte und entsprechendem Kartenleser ist Homebanking sicher. So sicher, dass es keine Möglichkeiten gibt, mittels Phishing Mail an Geld zu kommen. Neben einer wirklich harten Verschlüsselung hat HBCI (auch FinTS genannt) einen ganz entscheidenden Vorteil. Führt man eine Überweisung aus, muss man Wissen und Haben. *Wissen* muss man die PIN und *haben* eine HBCI-Karte samt Kartenleser. In Fachkreisen nennt man dies eine Zwei-Faktor-Authentisierung.

Da die Kartenleser knapp unter 100€ kosten und das dazu passende Programm nur auf Windows-Rechner läuft, hat sich HBCI meist nur bei Firmenkonten durchgesetzt. Nur wenige Privatleute nutzen es und setzen weiter auf das einfache und bequeme PIN/TAN-Verfahren. Aber auch hier fanden die Banken schnell eine Möglichkeit, eine Zwei-Faktor-Authentisierung einzuführen – mittels der mTAN. Sie ist nicht indiziert wie die iTAN, sondern mobil.

Die mobile Transaktionsnummer wird bei Eingabe einer Überweisung per SMS auf ein Handy geschickt. Der Kunde muss also seine PIN und das Handy haben, dessen Nummer er vorher persönlich bei der Bank angegeben hat. Dorthin wird die TAN per SMS geschickt. Sie ist ausschließlich für die aktuelle Transaktion gültig und wird nach fünfzehn Minuten ungültig.

So gesehen eine Methode, die dem iTAN Verfahren eigentlich in nichts nachsteht. Wer auf die Sanduhr starrt und wartet, der könnte auch eine per SMS übertragene TAN in die gefälschte Seite eintragen. Auf den ersten Blick eigentlich kein Gewinn bei der Sicherheit.

Weil eine Nachricht im Short Message System der Mobilfunkanbieter aber bis zu einhundertsechzig Zeichen fassen kann, übertragen die Banken auch gleich weitere Informationen der Transaktion. Neben der TAN steht gleich dabei, wer wie viel Geld bekommen wird. Wer dort jetzt liest, dass Olga Bruschenko die 2.000€ erhalten soll, selbst aber gerade keine Überweisung tätigt und eine solche Olga sowieso nicht bekannt ist, dem sollten jetzt die Alarmglocken schrillen.

6.8 Verkehrte Welt

▓ Was sich beim sicheren Online Banking für Sie ändert

Seit einiger Zeit schon stellen die Banken in Deutschland ihre Online Banking Verfahren um. Diese heißen chipTAN, eTAN, smsTAN oder sm@rtTAN, je nachdem bei welcher Bank Sie Kunde sind. Eines ist diesen Verfahren gemeinsam. Sie nutzen zwei unterschiedliche Komponenten, weshalb sie auch als Zwei-Faktor-Authentifizierung bezeichnet werden.

Der erste Faktor ist klar, das ist die PIN, die Sie auf der Webseite der Bank eingeben, um dann eine Überweisung einzutragen und abzuschicken. Um anschließend die notwendige TAN zu erzeugen, benötigen Sie nun noch etwas anderes – meist ein zusätzliches Gerät oder Ihr Handy.

Mit dem chipTAN Generator können Sie in Kombination mit der dazugehörigen EC-Karte eine TAN errechnen lassen, bei smsTAN erhalten Sie die passende Transaktionsnummer auf Ihr Mobilfunktelefon gesendet. Die Bestätigung der Rechtmäßigkeit einer Überweisung wird also aufgeteilt in Wissen (PIN) und Haben (EC-Karte bzw. Handy). Weiß ein Angreifer die PIN, muss er auch die Bank-Karte oder das Handy haben.

Das ist eher schwer zu bewerkstelligen, wobei es auch schon geglückt sein soll, eine fremde Handykarte mittels gefälschter Unterschrift zu einem anderen Anbieter inklusive Adressänderung portieren zu lassen. Bis derjenige merkt, warum sein Handy nicht mehr funktioniert, hat der Angreifer Zeit, die neue SIM-Karte zu nutzen und Überweisungen zu tätigen.

Eines jedoch sollten Sie wissen. Sowohl der TAN-Generator als auch die SMS der Bank[15] zeigen Ihnen den Betrag und das Empfängerkonto an, bevor Sie die TAN erhalten. Hat ein Computervirus also Ihre Eingaben im Browser verändert und das Zielkonto vom deutschen Handwerker zum russischen Handlanger geändert, bekommen Sie das zu Gesicht. Geben Sie die TAN dann trotzdem ein, sind Sie selber Schuld.

---

[15] Siehe: »Mobiler Hilfssheriff«

Die Bank nimmt Sie jetzt also in die Pflicht, immer zu überprüfen, welchen Auftrag sie von Ihnen tatsächlich erhalten hat. Damit wird auch die Haftung umgedreht. Wo vorher die Bank für den Schaden aufkam, dürfen Sie nun selbst bezahlen. Schauen Sie mal in Ihre neuen Geschäftsbedingungen.

Abbildung 6-2:   Die TAN für Ihre Überweisung am ...

7 E-Mail und SPAM

7.1 Blutleere Gehirne

▨ Wieso wir SPAM Mail bekommen

Ob das im Sinne des Erfinders ist? Täglich bekomme ich Mails mit Angeboten von Salben und Pillen, die mein Geschlechtsteil binnen weniger Tage um ein paar Zentimeter verlängern können. Ich hab das mal von einer Woche aufsummiert und kam auf sage und schreibe drei Meter und sechzehn Zentimeter! *Zusätzlich* wohlgemerkt! In nur einer Woche!

Komischerweise verdrehte meine Frau bei dem Gedanken nur die Augen und meinte, es wäre dann ja noch weniger Blut im Gehirn als jetzt schon. Ob ich das Schlafzimmer dann überhaupt noch alleine finden würde? Eine durchaus berechtigte Frage, die ich aufgrund fehlender drei Meter (grob geschätzt) leider nicht beantworten kann.

Ich frage mich aber, woher diese Quacksalber eigentlich wissen wollen, ob ich an einem derartigen körperlichen Anbau interessiert bin? Woher haben die überhaupt meine E-Mail Adresse?

Um das zu verstehen, ist es notwendig, sich das Innere eines Postverteilzentrums vorzustellen. Alle Briefe, die regional in Briefkästen eingeworfen werden, werden dort nach Postleitzahl in ausgehende LKWs sortiert. Briefe von anderswo, die hier zugestellt werden sollen, kommen in Lastwägen an und landen dann – sortiert – im Fahrradkorb eines Briefträgers. Alle diese Briefe tragen eine Empfängeradresse und eine Absenderadresse. Schreibt man nun von jedem ein- und ausgehenden Brief in einem Verteilzentrum beide Adressen ab, hat man in kürzester Zeit eine riesige Adressdatenbank.

Im Internet kann jeder sein eigenes Postverteilzentrum eröffnen. Je nach Auslastung der Internetleitung gelangt Ihre E-Mail nämlich über sehr viele Postverteilzentren an den Empfänger. Die Mail läuft vielleicht über Italien nach Marokko und von dort über Pakistan und Neuseeland zum Empfänger – auch wenn dieser in der gleichen Straße wohnt, wie Sie selbst.

Den Weg einer E-Mail kann niemand beeinflussen und er ist für jede Mail anders. Solange ein Postverteilzentrum Mails annimmt und weiterschickt, darf es sich in den weltweiten Verbund der Verteilzentren eingliedern und wird von anderen bedient.

Bei elektronischer Mail ist es ein leichtes, einfach alle Adressen abzuschreiben und in einer Datenbank zu speichern. Sie gelangen also auf die Liste von Spammern, weil sie selbst einmal eine Mail geschrieben oder bekommen haben und diese – *zufällig* – über das Verteilzentrum eines zwielichtigen Adresssammlers lief.

Ein weiterer Quell, um an E-Mail-Adressen zu gelangen, sind so genannte Foren. Treffpunkte von Leuten mit gleichen Interessen, die sich untereinander austauschen. Fragen und Antworten, die man hier stellt und gibt, sind wie auf einem schwarzen Brett von jedem lesbar, der vorbeischaut. Adresssammler schreiben ganz gerne kleine Computerprogramme, die solche Foren systematisch abgrasen und einfach jede E-Mail-Adresse aus den Texten oder Absenderfeldern abschreiben.

Wer hier einmal nach dem besten Shampoo für das Haupt seines Königspudels gefragt hat, kann sich schon mal auf baldige Werbemails im Postfach einstellen. Und diese Werbemails treffen oft sogar auf das Interesse des Empfängers, was wiederum an der Tatsache liegt, dass man aufgrund des Themenschwerpunktes eines Forums einige Schlüsse ziehen kann. Wer nach Hundeshampoo fragt, der braucht auch Hundefutter und steht im günstigsten Fall sogar selbst auf Lederhalsband und Leine.

Da das Versenden einer Mail nichts kostet und auf Schwarzmärkten 50 Millionen E-Mail-Adressen umgerechnet für rund 50€ zu erhalten sind, lohnt sich eine derart gelagerte Werbeaktion durchaus – auch wenn nur geschätzte 0,004 % antworten.

Die mittels SPAM angebotenen Pillen zur Verlängerung von Körperteilen sind übrigens allesamt Fälschungen, und bestehen im besten Fall aus Zucker. Das einzige, was Sie damit verlängern können ist der Umfang Ihres Bauches.

7.2 Leicht drauf, schwer runter

▨ Wie man keine SPAM Mails mehr bekommt

Ist diese Welt wirklich so schlimm wie es aussieht? Nein, nicht jeder SPAM-Versender möchte Sie unnötig mit sinnloser Werbung zuschütten. So einfach Sie auf seine Empfängerliste gekommen sind, so leicht lässt er Sie auch wieder runter. In den Mails dieser Versender finden Sie daher die Möglichkeit, sich aus der Liste austragen zu lassen. »*Klicken Sie hier, wenn Sie zukünftig keine Mails mehr von uns erhalten wollen*« steht dort.

Auch wenn Sie sich zuerst ärgern, dass Sie selbst aktiv werden müssen, ist doch die Aussicht auf baldige Ruhe vor Werbemails äußerst verlockend. Ein Klick auf den Link und man kann sich im Internet durch Eingabe seiner Mailadresse von der Liste streichen lassen – denkt man. Hier handelt es sich um eine ziemlich perfide Falle, bestätigen Sie dem Absender doch lediglich, dass Ihre Mailadresse aktiv ist und dort ankommende Mail tatsächlich gelesen wird. Noch mehr Werbung wird die Folge sein!

Bleibt die Frage, wie man sich vor unerwünschter Werbung für blaue Pillen, Zugängen zu den besten Webseiten für Erwachsene, Online-Casinos und ganz außergewöhnlich günstigen Kreditangeboten – trotz Schufa! – schützen kann.

Eindämmen können Sie die Werbeflut zumindest ganz erheblich, wenn Sie zwei Mailadressen verwenden. Nutzen Sie Ihre Hauptadresse niemals bei Bestellungen, auf schwarzen Brettern oder bei der Registrierung für eine Webseite. So bleibt diese Adresse weitgehend sauber und nur erwünschte Korrespondenz läuft dort auf.

Es gibt aber zwei effektivere Möglichkeiten. Einmal können Sie alle paar Monate Ihre E-Mail Adresse ändern. Das ist zwar etwas umständlich und nervig für alle, die Ihnen wirklich Mails schicken sollen, aber immer noch besser als Methode Zwei: Löschen Sie alle E-Mail Adressen und nutzen nur noch Briefpost. Keine wirklich gute Alternative – zugegeben.

Um sich in Foren oder Portalen anzumelden, genügt es meistens, die Anmeldung zu bestätigen. Dies wird durch einen kryptisch langen Link in einer E-Mail vorbereitet, auf den der Nutzer klicken soll. Der Portalbetreiber kann so sicher sein, dass die E-Mail Adresse stimmt. Zum Glück gibt es kostenlose

Dienste wie trash-mail.com, die jedem ein beliebiges Postfach anbieten. Anders als bei GMX oder FreeMail muss man dieses Postfach nicht einmal anlegen.

Ebenso ist es nicht notwendig zu prüfen, ob die Mailadresse schon einmal von jemand anderem verwendet wurde. Egal was Sie vor dem @-Zeichen angeben. Die Mail wird zugestellt und Sie können diese im Web abrufen und Ihre Anmeldung bestätigen. Allerdings erhalten über diese Postfach auch andere Mails – falls sich jemand den gleichen Namen ausdenkt. Für private Mails also ungeeignet, als SPAM-Staubsauger genial.

7.3 Elektronische Postkarte

▓ Warum E-Mails wie Postkarten sind

Im Juli 1917 erhielt Georg Zwick eine Postkarte von seinem Sohn. Dieser war als Soldat im Ersten Weltkrieg unterwegs und nutze die Feldpost, um Grüße nach Hause zu senden. Zwick Junior war sich wohl bewusst, dass eine Postkarte von jedem gelesen werden kann. Er verschlüsselte diese daher mit einem einfachen handschriftlichen Substitutionsverfahren, bei dem Buchstaben durch andere Zeichen – in diesem Falle je eine Ziffer – ersetzt werden.

Es ist nicht bekannt, wie lange die Postkarte benötigte, um nach Erbenschwang transportiert zu werden, was aber bekannt ist, ist die Tatsache, dass die Zwicks sicherer kommuniziert haben, als wir das heute tun. Wir schicken E-Mails durch die Welt. Rasend schnell zwar, aber mehr oder weniger für jeden lesbar.

Abbildung 7-1: Eine Feldpostkarte von 1917 in Geheimschrift

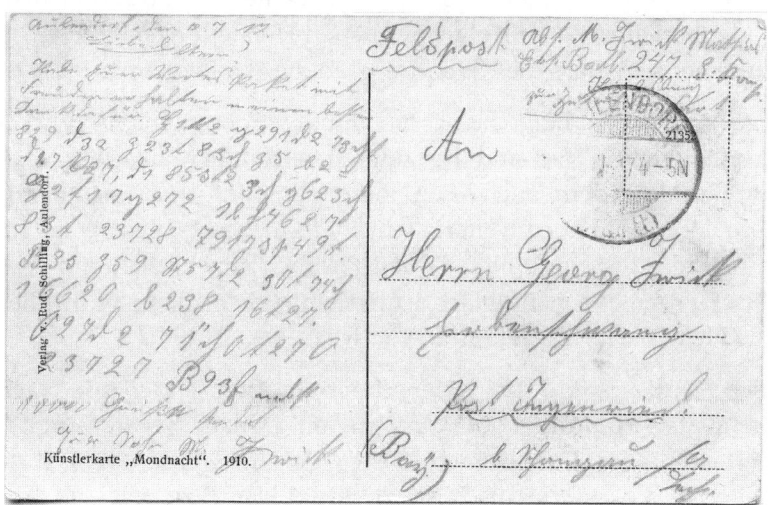

Eine E-Mail wird im Klartext durch das Netz geschickt. Sie passiert dabei verschiedene Stationen. Mail-Relays, Router und Switche – alles Geräte, die den Datenstrom sicher von A nach B transportieren. Sicher heißt jedoch nur, dass die Daten möglichst sicher dort ankommen. Es heißt nicht, dass die Daten sicher vor dem Zugriff Dritter sind. Datensicherheit ja, Datenschutz nein.

Jedem, dem es gelingt, sich in den Datenstrom zu hacken, kann E-Mails mitlesen. Dies ist für Externe zwar durchaus nicht ganz so einfach, schließlich ist es nicht vorhersehbar, welchen Weg durch das WWW die E-Mail nehmen wird. Allerdings ist ziemlich klar, von welchem Server die E-Mails ins Netz gelangen. Dieses Haupttor ist ein eindeutig identifizierbares Ziel. Anders als bei Postkarten und Briefen, denn die können in jeden beliebigen Briefkasten der Stadt gesteckt werden.

Einige Staaten haben sogar in der Verfassung stehen, dass die Geheimdienste zum Wohle der eigenen Wirtschaft operieren müssen. Das heißt, sie sind geradezu dazu verpflichtet, Firmen anderer Länder auszuspionieren und diese Informationen inländischen Unternehmen zur Verfügung zu stellen. Selbst der Innenminister der Bundesrepublik erwähnte dies in seinem Verfassungsschutzbericht 2009. Die nur indirekt genannten Schurkenstaaten haben gesetzlichen Anspruch auf Zugriff auf die Telekommunikationsleitungen in ihrem Hoheitsgebiet. Schickt die Auslandstochter Konstruktionspläne nach Hause oder berichtet vom Erfolg einer neuen Herstellungsmethode – Sie können sich sicher sein, dass die Konkurrenz an diesem Erfolg partizipiert.

Derartige Geschichten hat jeder schon einmal vernommen. Sie gehören nahezu zum Alltag und immer sind die anderen betroffen. Man selbst nie. Wer soll diese Flut an Mails denn auch lesen, interessante Informationen herausfiltern und diese dann auch noch weiterleiten? Stellt man sich diese Frage und sieht sich im Geiste selbst vor einem E-Mail-Postfach sitzen, während unablässig, im Millisekundentakt, neue Nachrichten eintrudeln, dann wirkt die Gefahr geradezu klein. Sie ist abstrakt und weit weg.

Vergessen Sie dieses Bild. Kein Mensch sitzt vor tausenden von Nachrichten und versucht sie zu ordnen oder zu sortieren. Denken Sie an Google, die finden doch auch alles. Genau nach diesem Prinzip werden auch Ihre unverschlüsselten E-Mails automatisch indiziert und klassifiziert.

Nun stellt sich die Frage, wie kommt man an Ihre Mails, wenn sie nicht durch die Netze überwachender Länder laufen. Mit einem kleinen technischen Kniff, liest die Netzwerkkarte den gesamten Datenstrom des eigenen Subnetzes mit. Meist handelt es sich um ein Stockwerk oder eine Abteilung, je nachdem, wie die Unterteilung vorgenommen wurde.

Ein Netzwerksniffer erledigt den Rest. Er zeichnet alles auf, was in diesem Netzbereich an Daten umherfliegt. Ein gefundenes Fressen für Praktikanten aus China, welches diesem weiterhin deutsches Essen ermöglicht. Erscheint er nicht in regelmäßigen Abständen in seiner Botschaft und liefert Daten ab, wird ihm seine Regierung alsbald die Heimreise in Aussicht stellen.

Klingt nach Räuberpistole? Fragen Sie mal die Abteilung 6 vom Innenministerium in Nordrhein-Westfalen. Die befassen sich mit Wirtschaftsspionage und berichten von einem chinesischen Studenten. Den Namen seines Professors kannte er nicht, dafür hatte er schon siebzehn Praktika vorzuweisen.

7.4   Chance verpasst

▓ Was Facebook und verschlüsselte E-Mail gemeinsam haben

Die deutsche Sprache treibt schon seltsame Stilblüten. Da spricht der Maler vom Farb*ton*, der Musiker aber von der Klang*farbe*. Das soll mal einer verstehen.

Ebenso wenig verstehe ich, warum so viele Menschen immer noch unverschlüsselt Mails verschicken. Das geht doch heute wirklich einfach. PGP installieren, Schlüsselpaar generieren und mit allen, mit denen man per E-Mail kommunizieren möchte, den öffentlichen Schlüssel austauschen. Und schon mailen Sie sicher und verschlüsselt.

Oft bekomme ich zu hören, dass das weder einfach klingt, noch einfach ist. Alleine, dass ich vorher mit meinem Briefpartner Kontakt aufnehmen muss, um den Schlüssel auszutauschen, halten viele für ein unschönes Hindernis. Etwas, dass das ganze schöne einfache Mailen unnötig verkompliziert. Die meisten verzichten daher auf Verschlüsselung und senden auch private oder mehr oder minder geheime Informationen auf der virtuellen Postkarte – mitlesbar von jedem.

Die Argumentation kann ich nicht nachvollziehen, denn bei all den sozialen Netzwerken machen Sie eigentlich auch nichts anderes. Auch da fragen Sie erst nach, bevor Sie mit jemandem über diese Plattform kommunizieren können. Bei Facebook akzeptieren Sie jemanden als »*FreundIn*«, bei XING bestätigen Sie einen »*Kontakt*«.

Im Prinzip ist das doch nichts anderes als ein Schlüsselaustausch. Hier einigen Sie sich auf eine Plattform, die zum Austausch genutzt wird und dort einigen Sie sich auf eine Verschlüsselung für den gleichen Zweck.

Wahrscheinlich würden wir heute alle sicher und verschlüsselt mailen, wenn eine Mailadresse den gleichen Kultstatus wie ein Facebook-Account hätte. Probieren Sie es doch einfach selbst mal aus. Sowohl für Outlook als auch für Thunderbird gibt es kostenfreie Plugins. Auch Installationsanleitungen sind zu Hauf im Netz zu finden.

Ein einfacher Schritt, der eine massive Erhöhung des Daten*schutzes* zur Folge hat. Zum Glück ist Facebook wenigstens Vorreiter in Sachen Daten*sicherheit* – die vergessen nix, genau wie Google.

7.5   Ich sehe was, was Du nicht siehst

▨ Wie man Adressen bei Rundmails eingibt

Zum Glück hatte ich Zeit. Vor mir in der Schlange stand eine arabische Großfamilie, um von Berlin nach Dubai einzuchecken. Das Familienoberhaupt klärte mit der Dame der Kranich-Airline gerade, wo die besten Sitzplätze sind, während seine Söhne alle Koffer anschleppten. Zwölf Stück waren es, groß, schwarz und so wie es aussah auch ziemlich schwer. Da keine Kofferanhänger angebracht waren, zeigte der Check-In-Assistent auf die ausliegenden kostenfreien, orangen Kofferanhänger aus verstärktem Papier, und der offenbar Jüngste machte sich sogleich daran, je eines an jedem Koffer anzubringen.

Etwas erstaunt war ich dann doch, denn der junge Mann war Datenschützer! Nachdem die länglichen Papierstreifen durch Griff und Öse gezogen waren, klappte er sie nämlich ordentlich zu. Offenbar hatte er in den üblichen Vorabend-Magazinen die Warnbeiträge gesehen, in denen Räuberbanden offen liegende Adressen von Kofferanhängern an Flughäfen ablesen, um dann in aller Seelenruhe die Bude auszuräumen. Stolz präsentierte er seinem Vater das Ergebnis, was dieser – noch im Gespräch vertieft – mit einem wohlwollenden Nicken abtat.

Bei manchen E-Mails würde ich mir so viel Sorgfalt auch wünschen. Da kommen elektronische Nachrichten mit mehr als 40 vollständigen E-Mail-Adressen, sichtbar für jeden. Auch bei den gerne weitergeleiteten Hilfe-Rundmails wird das oft gemacht. Vor lauter Hilfsbereitschaft wird das gesamte Adressbuch aktiviert, und jeder darin erhält Hilferufe für Bluttypisierungen oder Warnhinweise vor besonders fiesen Viren.

Mal ehrlich, sicherlich ist das Ganze wirklich nett gemeint und jeder hilft gerne. Allerdings sind solche Mails in aller Regel – *eigentlich immer* – Hoaxmails. So bezeichnet man Jux- oder Falsch-Meldungen, die einen dazu verleiten sollen, etwas zu tun. Sie sind das elektronische Pendant zu einer Zeitungs-Ente, gepaart mit einem Kettenbrief.

Hoaxmails bedienen sich eines ganz einfachen Prinzips. Entweder geht es um Angst oder um Hilferufe. Einmal warnt eine vermeintlich vertrauenswürdige Stelle vor einem besonders Virus. Der vermeintliche Absender ist dann ein Polizist oder Microsoft. Ein anderes Mal werden Knochenmarkspender gesucht, meist für ein Kind.

Jedes Mal wird dazu animiert, die Mail an möglichst viele Empfänger weiterzuleiten. Zwar sind Hoax-Nachrichten, die echten Schaden anrichten und einen Virus installieren, glücklicherweise eher selten, aber auch so kommt es zu wirtschaftlichen Schäden. Tausende Menschen lesen die Nachricht, leiten sie oft sogar weiter. Nun haben SPAM Mails sicherlich einen weitaus höheren Anteil am Netzwerkverkehr. Trotzdem verstopfen diese Nachrichten Postfächer, und zig Mitarbeiter lesen und bearbeiten die Mail – Arbeitszeitausfall ist die Folge.

Weiterhin neigen die Menschen dazu, ihr halbes Adressbuch anzusprechen und zwar direkt adressiert im AN:-Feld. Wird die Mail weitergeleitet, sieht jeder die Mailadressen der vorherigen Empfänger. Das Ganze potenziert sich und schon nach kurzer Zeit sind teilweise hunderte Mailadressen im Text zu finden. Läuft eine solche Nachricht dann über einen dubiosen Mailserver, der Mailadressen abgreift, können sich all Ihre Freunde und deren Freunde auf neue SPAM Mails einstellen.

Grundsätzlich gilt, dass Nachrichten an einen Empfängerkreis, der sich nicht kennt, über das BCC: Feld abgewickelt werden sollen. Anders ist das zum Beispiel bei der Einladung zu einer Geburtstagsfeier. Hier kennen sich die meisten und die unbekannten Empfänger wird man bald kennenlernen, sofern man die Party besucht. Dies bietet auch die Möglichkeit, sich für ein Gemeinschaftsgeschenk abzusprechen. Bei einer Einladung ist auch nicht davon auszugehen, dass sie unkontrolliert weitergeleitet wird.

Erkennt man eine Nachricht als Hoax, so sollte sie einfach gelöscht werden. Nur so stoppen Sie den Kreislauf. Und keine Angst, es ist noch kein Fall bekannt geworden, in dem jemand den angedrohten Hautausschlag bekommen hat, weil er nicht mindestens zehn weitere Empfänger mit der Nachricht beglückt hat.

Der arabischen Großfamilie auf dem Weg nach Dubai kann man übrigens nur alles Gute wünschen. Der Junge hat nämlich darauf verzichtet, in die fein säuberlich zugeklappten und verklebten Kofferanhänger eine Adresse zu schreiben. Manchmal kann man den Datenschutz auch übertreiben.

Und dann öffnete der Röntgenapparat des Flughafens seinen Rachen und verschluckte auf dem Transportband des Checkins nacheinander zwölf Koffer mit zwölf datengeschützten Kofferanhängern. Guten Flug!

7.6 Nicht lesen!

▦ Was von Datenschutz-Klauseln am Ende einer Mail zu halten ist

---

Hinweis: Diese E-Mail und/oder die Anhänge sind vertraulich und ausschließlich für den bezeichneten Adressaten bestimmt. Jegliche Durchsicht, Weitergabe oder Kopieren dieser E-Mail ist strengstens verboten. Wenn Sie diese E-Mail irrtümlich erhalten haben, informieren Sie bitte unverzüglich den Absender und vernichten Sie die Nachricht und alle Anhänge. Vielen Dank.

Solche oder ähnlich lautende Angstmacher stehen bei vielen E-Mails am Ende der Nachricht und sollen den Absender schützen. Nur, wovor schützen? Durchstöbert man das Netz und befragt Rechtsanwälte, scheint großes Achselzucken zu herrschen. Irgendwie sind alle der Meinung, dass derartige Sätze unsinnig sind. Sie schützen vor Nichts und Niemandem. Lediglich an wenigen Stellen im Netz findet man Hinweise darauf, dass »möglicherweise amerikanische Aktiengesetze« derartiges verlangen.

Sollten Sie mal eine Mail aus Versehen bekommen, in der irgendwelche geheimen Informationen stecken, dann brauchen Sie sich nicht zu fürchten, wenn am Ende solche Sätze stehen. Lässt man nämlich einen Rechtskundigen derartige Auflagen untersuchen, stellt er ziemlich schnell ein paar Fragen, die sogar Justiz-Laien einleuchtend erscheinen und die Absurdität solcher Abschlussanweisungen erahnen lassen.

Da ist vom »bezeichneten Adressaten« die Rede, dem, der die Mail eigentlich erhalten sollte. Doch wer ist gemeint? In aller Regel gibt es zwei Adressaten – einen in der E-Mail-Adresse (das wären dann Sie) und meist noch einen in der Anrede. Da stehen die Chancen Fity-Fifty, den Richtigen zu erraten. Eine ganz gute Quote zwar, aber gleiches gilt auch für die falsche Wahl.

Dann kommt das »*Verbot der Durchsicht*«, was absurderweise am Ende der Mail mitgeteilt wird. Dann, wenn man schon alles gelesen hat. Kein Mensch liest erst das Ende einer Nachricht, oder? Noch viel lustiger ist aber, dass der Satz ohne Einschränkung geschrieben steht. Offenbar dürfen Mails dieser Firma von Niemandem gelesen werden. Selbst dann nicht, wenn die Nachricht den eigentlich vorgesehenen Empfänger erreicht hat.

Weiter geht es mit dem Machtwort, die Nachricht keinesfalls »*weiterzugeben oder zu kopieren*«. Haben Sie also vor, im Rahmen eines Projektes die Kollegen zu informieren und wählen »Weiterleiten« – besser die Finger von der Maus lassen, ist auch verboten. Die Vorschrift mit dem »*Kopieren*« hat man übrigens schon verletzt, wenn man die Nachricht vom Server holt. Schließlich wird die Nachricht von dort geladen und lokal als Kopie im Mailprogramm gespeichert.

Hinweis: Dieses Kapitel und/oder der Rest vom Buch sind vertraulich und ausschließlich für den Käufer bestimmt. Mit den gewonnenen Informationen dürfen Sie machen, was Sie wollen. Wenn Sie dieses Buch irrtümlich als Geburtstagsgeschenk erhalten haben, können Sie es ungelesen weiterverschenken. In diesem Fall informieren Sie bitte keinesfalls den Autor, da dieser sich sonst unnötig ärgern wird. Vielen Dank.

8 WLAN und Funknetze

8.1 Never touch a running system

▨ Welches die richtige WLAN Verschlüsselung ist

Stecker rein. *Pling.* Läuft. Super Sache, dieses Plug-and-Play. Einfach anstöpseln und loslegen. Und nicht nur beim Drucker geht das, nein, auch bei WLAN Routern. Was vor ein paar Jahren noch den Profis vorbehalten war, kann heute jeder. Kabellos surfen im Internet – im Garten, im Keller und sogar auf dem Klo. Welch sinnvolle Errungenschaft.

Nur: Wenn es mal läuft, am besten die Finger davon lassen, wenn man selbst kein Profi ist. Ja nichts mehr umstellen. Das Passwort für die Konfigurations-Oberfläche am besten gleich in den Mülleimer legen, und diesen zur Papierpresse bringen[16]. Never touch a running system. Ich weiß, wovon ich spreche! Ich werde jede Woche mindestens einmal angerufen, wenn irgendwo wieder irgendwas nicht mehr geht. Von guten Freunden natürlich nur. »Hi, lange[17] nichts mehr von einander gehört. Du kennst Dich doch mit Computern aus, oder?«

Schon nimmt der Teufelskreis seinen Lauf. Der gute Freund wollte nur die Verschlüsselung des WLAN einrichten, und schon geht plötzlich gar nichts mehr. Kein Mail, kein Internet, nichts. Im schlimmsten Fall hat er schon daran rumgedoktort, dann ist mein gemeinsamer Abend mit der Familie gelaufen. Schließlich wartet eine ganz wichtige E-Mail auf den guten alten Freund.

Nun gut, eine WLAN-Verschlüsselung ist wichtig, sie schützt vor zwei Dingen. Zum einen kann niemand einfach mitlesen, was ich gerade mache und welche Internetseite ich gerade aufrufe. Wenn ich mit meinem Laptop Mails abrufe, dann wird sogar mein Passwort für die Mailbox verschlüsselt. Zu-

---

[16] Siehe: »Altpapier & Recycling«
[17] Durchschnittlich mehr als sechs Monate

mindest vom Laptop bis zum WLAN-Router. Ab dann geht es – wie bei Mail leider weitgehend üblich[18] – unverschlüsselt ins Internet.

Ein weiterer Vorteil ist, dass sich niemand Fremdes an meinem Router anmelden kann, um Zugriff auf die Festplatte und die dort gespeicherten Daten zu erhalten. Auch das kostenlose mitsurfen über meinen DSL-Anschluss wird verhindert.

Gerade letzteres kann nämlich unangenehm werden, wenn ein Eindringling über meinen Anschluss illegal beschaffte Filme oder mp3-Dateien verbreitet. Von krimineller Pornographie mal ganz zu schweigen. Passiert so etwas, dann kann die Polizei über den Internetanbieter herausfinden, wem der Anschluss gehört. Sie kommt also zu mir und wird eine Anklage dalassen, meinen Computer aber im Gegenzug mitnehmen. Kein faires Tauschgeschäft, wie ich finde.

Diese Vorstellung alleine sollte also schon ausreichen, dass auch Sie sich zu dem Schritt durchringen, Ihren drahtlosen Internetzugang verschlüsseln. Es geht auch tatsächlich sehr einfach. Machen wir es kurz: es gibt nur zwei wichtige Verschlüsselungsmethoden.

WEP ist der ältere Standard. Er ist mit ein klein wenig Know-how in weniger als zwölf Minuten, meist sogar in Sekunden, geknackt. Das liegt daran, dass der Router antwortet, wenn ich ihm ein paar Daten sende, mit denen er nichts anfangen kann. Freundlicherweise schickt er in der Antwort einen so genannten Initialisierungs-Vektor mit.

Etwa 50.000 davon brauche ich, um den verwendeten Schlüssel zu berechnen, also schicke ich pausenlos sinnlose Nachrichten an den WLAN Router. Eine WEP Verschlüsselung ist demnach nicht sehr wirksam.

Allerdings gibt es noch Endgeräte – ältere Laptops, Nintendo DS, Palm – die nichts anderes können. Und: WEP schützt zumindest vor unbedarften Gelegenheits-Hackern und dem Nachbarn, der nur kostenlos mitsurfen will. Wenn nichts anderes geht, ist WEP daher immer noch besser als nichts.

Sollten Sie die Möglichkeit haben, dass alle Ihre Endgeräte WPA2 unterstützen, nehmen Sie es! WPA2 ist nach heutigem Stand der Technik nicht zu knacken. Der verwendete Schlüsselbereich ist derart groß, dass ich Jahre bräuchte um alle der Reihe nach auszuprobieren. Obendrein springt der Schlüssel alle paar Minuten an eine andere Stelle.

---

18 Siehe: »Elektronische Postkarte«

Auch wenn ich wirklich alle durchprobieren könnte, müsste ich zufällig im richtigen Moment den richtigen Bereich durchtesten. Rein rechnerisch ist die Chance geringer, als hundert Menschen mit identischer DNS zu finden – ohne Labor.

Wählen Sie an Ihrem Laptop WPA2 aus und tragen Sie dort das gleiche lange Passwort ein, das Sie auch in Ihren Router eingetragen haben. Mehr brauchen Sie nicht zu wissen oder tun.

Und wenn mal nichts geht, bitte nicht unwissend herumfummeln oder gar alle Einstellungen ausprobieren. Meist ist es ein ganz simples Problem, das in ein paar Minuten gefunden ist. Aber nur, wenn man nicht wieder alles andere geradebiegen muss, was Sie schon mal probeweise verstellt haben. Also bitte: Nichts anfassen!

Und noch eine Bitte. Rufen Sie am Abend doch mal den guten alten Freund an, der Automechaniker, Zahntechniker, Maler oder was auch immer geworden ist. Fragen Sie nach einem sofortigen, mindestens zweistündigen Hausbesuch für irgendeine Reparatur. Ich drücke die Daumen, dass das klappt. Ich habe der Familie zuliebe jetzt übrigens ein Plug-then-Play Telefon. Stecker raus. *Plong*. Monopoly spielen. Es gibt bestimmt noch andere gute alte Freunde, die sich mit Computern auskennen.

8.2 Datenklau durch Kartoffelchips

■ Wie man mit einer Chipsdose eine WLAN-Richtfunkantenne bauen kann

So ein Hotelzimmer bietet doch in aller Regel sehr viele Annehmlichkeiten. Es reinigt sich quasi von selbst, es ist immer Klopapier vorhanden und die Minibar ist jeden Abend wieder voll. Aber auch an technischen Bequemlichkeiten wird nicht gespart. Telefon, Fernseher, Haartrockner sind vorhanden, meist sogar noch ein Internet-Anschluss. Seit einiger Zeit sogar kabellos und damit in vielen Fällen ganz bequem zu nutzen.

Blickt man sich in den tageweise bewohnten Räumen um, dann entdeckt man sogar noch ein paar weitere Gadgets, die das langweilige Leben eines Berufsreisenden erheitern können. So enthält die Minibar meist eine Chipsdose und einige Fernseher lassen sich mit beiliegender Tastatur gar zum Internet-Surfen nutzen.

Knabbert der Reisende die Chipsdose leer, landet die runde Ummantelung der frittierten Kartoffeln meist im Abfall. Das produziert unnötigerweise Müll, denn die leere Dose lässt sich wunderbar zum Bau einer WLAN-Richtfunkantenne nutzen. Praktischerweise finden sich alle weiteren Bauteile in jedem Hotelzimmer und der Gast mutiert zum McGyver der Nacht.

Chipsdosen der Marke Pringles erfüllen alle notwendigen Kriterien zum Bau einer Yagi-Antenne. Die Länge im Verhältnis zum Durchmesser ist nahezu perfekt auf die Frequenz von WLAN abgestimmt. Obendrein ist die Dose mit Metall ausgekleidet, was wunderbare Reflektionen der Strahlung erlaubt. Auch wenn sie ein klein wenig streng riecht, der Empfangsqualität schadet das keinesfalls.

Besorgen Sie sich eine Gewindestange der Stärke M5. Anschließend benötigen Sie noch fünf Beilagscheiben, wozu Sie einfach die Schranktüren aushängen. Ach so, vielleicht fragen Sie sich, wo die Gewindestange herkommt? Ganz einfach: vom Klorollenhalter.

Sollten Sie nicht genügend Beilagscheiben finden, zum Beispiel, weil Ihr Hotelzimmer nur eine Schranktür hat, dann sollten Sie mal ein Hotel in Dänemark besuchen. In Kopenhagen vielleicht, das ist immer einen Besuch wert. Im skandinavischen Nachbarland gibt es noch keinen Euro und das dänische fünf Kronen Stück ist genau so groß wie die Beilagscheiben, die Sie brauchen: 30mm im Durchmesser.

Mit Kaugummi bringen Sie die Beilagscheiben in gleichem Abstand auf die Gewindestange auf. Das Ergebnis sieht aus wie ein fünfarmiger Pizzaschneider, es dient uns aber als *Direktor* innerhalb der Dose. Befestigt am Plastikdeckel der Chipsdose wird sie mittig in selbige eingeführt. Ein passendes Stückchen Karton oder festes Papier hilft, dass der Stab nicht wackelt, sondern pfeilgerade in der Mitte der Antenne bleibt.

Nun bohrt man mit dem Finder an der richtigen Stelle ein Loch in die Dose. Ein Stück Draht, der das Signal am Ende des Direktors in der Dose abnimmt, muss nach außen geführt werden. Von dort lässt sich unsere Richtfunkantenne Marke Eigenbau an die WLAN Karte anschließen. Die Reichweite der internen Antenne (etwa 300 Meter) wird damit deutlich erhöht.

Abbildung 8-1:   WLAN Richtfunkantenne aus einer Chipsdose

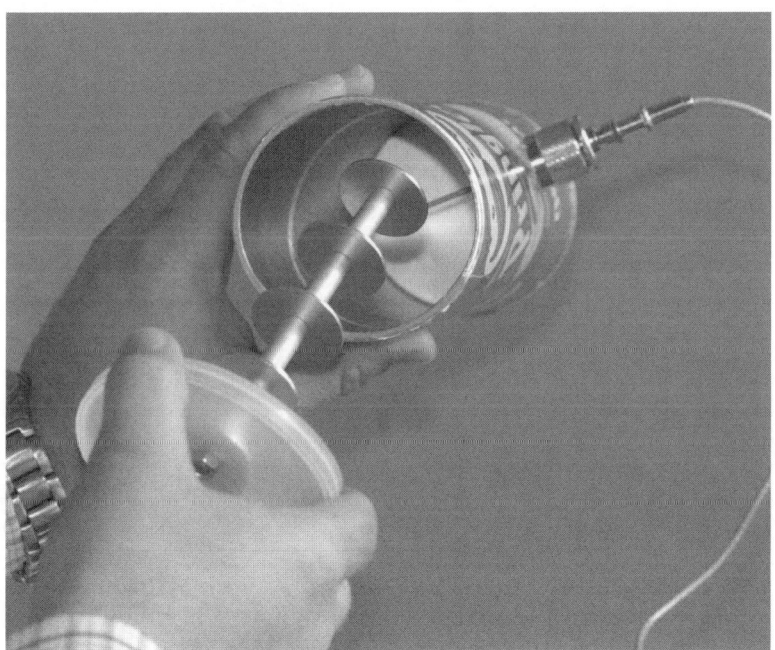

Sollten Sie auf Ihrer WLAN Karte keinen Anschluss für eine zweite Antenne sehen, dann schrauben Sie die Karte einfach mal auf. Fast alle WLAN Geräte, egal ob Router, externe PCMCIA Karte oder auch die in Laptops verbauten WLAN Karten haben einen Anschluss für eine weitere Antenne. Aber Achtung, Sie verlieren beim Öffnen möglicherweise die Garantie auf Ihr Gerät.

Eine genaue Anleitung zum Nachbau finden Sie im Internet. Googeln Sie nach *WLAN* und *Pringles* erhalten Sie mehr als 22.000 Treffer. Ein Teil davon bietet neben der Bastelanleitung gleich ein Formular zum Download an. Es listet alle Teile mit Namen und Bestellnummern eines großen Elektronikversenders auf. Ausgedruckt, Absender drauf und fertig ist das Bestellformular. Einfacher geht's nicht.

8.3 Live-Schaltung ins Nachbarhaus

▨ Wie man mit einem Babyfon fremde Schlafzimmer ausspioniert

Schlaf, Kindlein, schlaf. Welche jungen Eltern wünschen sich das nicht. Der Sprössling schläft ruhig und selig im Gitterbettchen, während Mama und Papa ganz entspannt bei den Nachbarn ein Gläschen Rotwein trinken. Leider sieht die Realität oft anders aus.

Der Stammhalter gibt Ruhe, bis Mama und Papa weg müssen. Vorher ist ja auch spannendes los. Warum malt Mami sich die Augen an? Was ist in der Flasche, die Papi mitnimmt? Lauter Fragen, die sich ein Baby nicht beantworten kann. Es kommt, wie es kommen muss. Junior schreit sich die Kehle aus dem Leib. Von Einschlafen keine Spur, von Ausgehen schon gleich zwei Mal nicht.

Zugegeben, das passiert jedem Elternpaar, aber irgendwann klappt es auch mal mit dem Nachbarn, Verzeihung, mit den Nachbarn. Zum Glück gibt es ja das Babyfon. Es überträgt Geräusche des Babys durch Wände und Türen. Während die Eltern nebenan Schmidts über das neue Leben mit Kevin-Jonas erzählen, tragen Radiowellen das Geschehen zu diesen herüber.

Neuerdings nicht nur mit Ton, sondern auch mit Bild. Meist schwarz/weiß, dafür aber mit Nachtsichtsicht-Funktion. Eine super Sache, nun können sich Schmidts und deren Gäste gleich ein Bild davon machen, dass Kevin-Jonas tatsächlich in seinem Bettchen liegt.

Was macht man mit so einem Babyfon, wenn das Kind schon größer ist und eine abendliche Überwachung nicht mehr nötig ist? Es vergammelt im Schrank, wozu sollte man es auch nutzen können? Diese Frage beantwortet sich von selbst, wenn man sich einmal mit der Funktionsweise der Kamera vertraut macht.

Ein Babyfon sendet auf verschiedenen Frequenzen. Meist lassen sich zwei oder drei Kanäle auswählen. Warum aber? Mama und Papa kann die verwendete Trägerfrequenz völlig egal sein. Ob Kanal 1 oder 2, wen kümmert das? Hauptsache Bild und Ton kommen sauber beim Empfangsgerät an.

Die Antwort ist ganz simpel. In einem Wohnhaus mit mehreren Parteien ist es denkbar, dass nicht nur eine Familie einen Sprössling im Kleinkindalter hat. Auch bei den Nachbarn drüber, drunter, links oder rechts könnte die Verhütung versagt haben oder der lange Wunsch in Erfüllung gegangen sein. Da auch dort ein Babyfon eingesetzt wird, würden wohl zwei Elternpaare rennen, wenn das Baby schreit. Ein Pärchen rennt allerdings umsonst – denn Junior schläft ruhig und fest. Das Nachbarbaby war es, das um Milch bittet.

Ein Babyfon hat also deshalb mehrere Kanäle zu Auswahl, weil es andere Geräte gibt, die auf der gleichen Frequenz senden. Und wo gesendet wird, da wird auch empfangen – und zwar von jedem Empfänger, der für diese Frequenz gebaut ist. Wer also auf Babygeheule steht, der braucht lediglich ein altes Babyfon aus dem Keller holen und Abends durch die Straßen ziehen. Nur, wer will das schon …

Wer nicht hören will, der will vielleicht sehen. Das – oder so ähnlich – sagt schon ein altes Sprichwort. Spannen tun wir alle gern, auch wenn sich die meisten von uns nicht trauen. Wer käme schon auf die Idee, den Nachbarn per Fernglas ins Schlafzimmer oder das Bad zu glotzen. Gut, ein paar Menschen gibt es wohl, aber als Volkssport kann man es nicht gerade bezeichnen. Doch wer weiß schon, dass in einem staubigen Karton im Keller eine Überwachungskamera liegt: Das alte Video-Babyfon. Besser gesagt, der Monitor, der das Bildchen des schlafenden Säuglings angezeigt hat.

Drahtlose Überwachungskameras, heute in jedem Bau- und Elektrofachmarkt zu haben, senden auf der gleichen Frequenz, wie Video-Babyfone. Müssen Sie auch, schließlich sind das die einzig freigegebenen Frequenzbänder. Genauer betrachtet, handelt es sich sogar um ein und dieselben Geräte. Lediglich das Gehäuse ist unterschiedlich. Grau oder Rosarot.

Beim Spaziergang durch die Straßen der Stadt, begleitet von einem Monitor des alten Video-Babyfon, erscheinen nach und nach und immer wieder Einblicke in fremde Räume. Sicherlich eher selten eine private Wohnung, viel öfter aber die überwachten Räume von Bars, Restaurants und sonstigen Geschäften. Nun gut, ganz legal ist das nicht, aber wissen die Geschäftsinhaber, die Funkkameras anbringen, dass jeder mit einem Video-Babyfon für ein paar Euros Einblick in den Aufenthaltsraum bekommt? Bei meinen Spaziergängen sind alle Passanten Außenseiter. Außer ich, ich bin sogar live dabei.

8.4 Fenster oder Gang?

▓ Warum Funktastaturen zwar bequem aber unsicher sind

Den sichersten Platz im Flugzeug gibt es zumindest laut Statistik nicht. Ganz egal, vorne und hinten sitzt man genau so sicher oder unsicher im Flieger, denn bei einem Unfall kommt es darauf an, was das für ein Unfall ist. Zum Glück weiß man vorher nicht, dass was passiert und selbst wenn der Pilot »Luftnotlage« funken muss, kann man als Passagier ja noch lange nicht wissen, ob und wo der Flieger auseinander bricht.

Wenn Sie sich trotzdem sicherer fühlen möchten, dann sollten Sie am Gang sitzen und nicht weiter als fünf Reihen von einem Notausgang entfernt. Im unwahrscheinlichen Falle eines Flugzeugabsturzes kommen Sie, statistisch gesehen, ein klein wenig eher raus, als der Rest der Mitreisenden.

Im Büro ist es egal, ob Sie am Fenster sitzen oder am Gang. Wahrscheinlich haben Sie eh beides, das Fenster zur Linken und den Gang zur Rechten – oder umgekehrt. Da ein Büro auch selten abstürzt – höchstens die Aktien der Firma – ist die Sitzplatzausrichtung egal. Etwas anders stellt es sich dar, wenn man sich überlegt, was aus dem Bürofenster oder -gang raus- oder reinfliegt. Neben WLAN und Handy strahlen da noch ganz andere Dinge und die scheren sich ehrlich gesagt weder um Fenster noch um Türen.

Arbeiten Sie zum Beispiel mit einer Funktastatur, können Sie fast sicher davon ausgehen, dass man das, was Sie tippen, auch noch im Nachbarbüro empfangen kann – oder draußen auf der Straße. Drahtlose HIDs (Human Interface Device) funken nämlich auf öffentlichen Frequenzen und von denen gibt es gar nicht so schrecklich viele.

Legen Sie sich ein paar der billigeren Eingabegeräte zu, kann es passieren, dass diese auf maximal fünfzehn unterschiedlichen Frequenzen senden. Hat der Zimmernachbar zufällig den gleichen Kanal erwischt, brauchen Sie sich nicht zu wundern, wenn sein Passwort plötzlich in Ihrer E-Mail auftaucht – oder Ihres bei ihm im Brief. Zum Glück haben zumindest die meisten Markenhersteller noch einen *Seed*, also eine Art Zufallszahl bei jeder Tastatur eingebaut. Die verhindert zwar, dass der Zimmernachbar aus Versehen Ihre Eingaben mitbekommt, gegen mutwilliges Mitlesen Ihrer geheimen Briefe oder Mails schützt das aber auch nicht zuverlässig.

Ausnahmen sind die etwas teureren Bluetooth-Tastaturen. Für die braucht man zum Koppeln zumindest einen Code. Durch diesen ist die Übertragung der eingegebenen Buchstaben verschlüsselt und deutlich sicherer als bei Tastaturen im Megahertz-Bereich.

Beim Arbeiten am Laptop während eines Fluges sollten Sie jedoch auf Funktastaturen verzichten, sonst kann es passieren, dass Sie ungewollt etwas früher und auch noch am falschen Airport eine Notlandung hinlegen. Sicherlich wird kein Flugzeug durch eine drahtlose Tastatur vom Himmel fallen, selbst Handys schaffen das nicht. Trotzdem muss man sie ausschalten, weil sie die Signale von Messfühlern stören oder auch mal ungewollt einen Feueralarm an Bord auslösen. Dann fühlt man sich zwar wohler, wenn man weiß, man sitzt am Gang und keine fünf Reihen vom Notausgang entfernt. Aber eine Statistik besteht halt auch nur aus Zahlen, und die sagen auch, dass die Wahrscheinlichkeit, auf dem Weg zum oder vom Flughafen zu verunglücken, deutlich höher ist, als im Flieger selbst.

9 Filme, Musik & Fernsehen

9.1 Jäger und Sammler

▓ Wie man seine CD Sammlung legal kopieren kann

Auf eine große Festplatte passen locker eine Viertelmillionen mp3 Songs. Sind Sie auch so ein mp3-Jäger und Sammler? Einer, der alles was nach Musik aussieht, aus dem Netz kopiert. Wussten Sie, dass Sie gut zwei Jahre brauchen, um alle Stücke einer vollen Festplatte genau einmal anzuhören? Das wird eine lange Party. Hoffentlich reicht das Bier.

Ich muss Ihnen nicht sagen, dass das Laden von mp3-Dateien von Internet-Tauschbörsen illegal ist, das wissen Sie selbst. Sie begehen eine Urheberrechtsverletzung – ja, auch wenn Sie die Dateien nicht selbst tauschen und weitergeben. Oft höre ich Argumente wie: »Früher haben wir auch immer Kassetten[19] getauscht.« oder gar »Das erstellen einer privaten Kopie ist erlaubt!«

Diese Menschen haben Recht. Früher haben wir Kassetten getauscht und damals wie heute ist das Erstellen einer privaten Kopie eines legal erworbenen Ton- oder Filmträgers erlaubt. Selbst die Weitergabe im Freundeskreis ist kein Problem. Absurderweise ist dieses Recht heute aus technischen Gründen aber fast nicht mehr anwendbar.

Es gibt da nämlich ein anderes, neueres Gesetz, welches das Brechen und Überwinden eines digitalen Kopierschutzes verbietet. Dieses Verbot wird in der Rechtsauffassung der Gerichte höher bewertet als das Recht einer privaten Kopie. Da Musik heutzutage nahezu ausschließlich in digitaler Form ver-

---

19 Für alle, die nach 1990 geboren wurden: Kassetten sind altmodische, magnetisch empfindliche Tonträger. Mit einem klobigen Zusatzgerät (Kassettenrekorder) konnte Musik aus dem Radio aufgenommen werden. Lieder wurden damit zu einmaligen Erinnerungen, denn am Anfang und Ende eines Liedes konnte man die Stimme des Moderators hören, der da immer reinquatschte. Kassetten konnten ca. 20 Lieder speichern und ließen sich in knapp 90 Minuten kopieren – wenn man rechtzeitig daran dachte, die Kassette umzudrehen.

kauft wird und diese Datenträger einen digitalen Kopierschutz enthalten, müssten Sie diesen zuerst knacken, bevor Sie eine Kopie anfertigen können.

Und da beißt sich die Katze in den Schwanz. Das Knacken des Kopierschutzes ist strengstens verboten. Wie um alles in der Welt soll man so sein verbrieftes Recht auf eine persönliche Kopie der CD für das Autoradio nutzen können? Hat es die Musikindustrie endlich geschafft, die ungeliebten privaten Kopien zu verhindern?

Nein, zum Glück hat sie das nicht. Es gibt eine Möglichkeit, jede CD oder DVD legal zu kopieren ohne dabei den Kopierschutz zu knacken. Sie benötigen nur ein etwa 7cm langes Kupferkabel mit einem kleinen Klinkenstecker an beiden Enden – einen wie an Ihrem Kopfhörer, den Sie in Ihren mp3 Spieler stöpseln. Für Videos brauchen Sie zwar ein paar Kabel und Adapter mehr, diese Methode funktioniert aber auch.

Spielen Sie eine CD auf Ihrem Computer ab, können Sie die Musik über die angeschlossenen Lautsprecher hören. So weit, so gut. Verbinden Sie nun aber die Buchse, in der Ihre Lautsprecher mit dem PC verbunden sind (grün) mit Hilfe des kleinen Kabels direkt mit dem Mikrofoneingang (rosa), dann können Sie die Musik mit einem zweiten Programm gleichzeitig wieder aufnehmen und direkt als mp3 codiert auf Ihre Festplatte speichern. Kleine Zusatztools trennen die Aufnahme sogar automatisch nach jedem Stück und benennen die Dateien dank einer Internet-Datenbank auch gleich korrekt nach Interpret und Titel.

An keiner Stelle überwinden Sie hierbei den Kopierschutz, Sie nehmen lediglich ein analoges Signal auf und digitalisieren dieses hinterher. Einziger Nachteil dieser Methode ist die Geschwindigkeit. Eine Kopie benötigt so lange, wie es dauert, die CD zu hören.

Diese Kopie dürfen Sie nun auch an bis zu sieben Freunde weitergeben – natürlich nur ohne finanzielle Gegenleistung. Die von Ihnen erstellte CD enthält fortan auch keinen Kopierschutz mehr. Achten Sie nur darauf, diese nicht im Internet zum Download anzubieten. Es dürfte schwer werden, nachzuweisen, dass alle Menschen der Welt mit Internetzugang Freunde oder Bekannte von Ihnen sind.

Ist Ihnen dieser Weg zu zeitintensiv oder zählen Sie gar zu den erwähnten Jägern & Sammlern, dann kann ich Ihnen von Ihrem illegalen Handeln nur abraten. Eine Computerzeitschrift hat einmal errechnet, dass die durchschnittliche Strafe pro illegaler mp3-Datei bei rund 5€ liegt. Da kann es teuer werden, wenn die Polizei Ihnen aufgrund eines anonymen Hinweises einen Hausbesuch abstattet und ihre Rechner mitnimmt. Gerade im Büro ist das doppelt unangenehm.

Übrigens, den Rechner des Datenschutzbeauftragten Ihrer Firma darf die Polizei bei Durchsuchungen nicht einfach so mitnehmen. Es muss eine explizite Verfügung dafür vorliegen.

Ein idealer Platz also für die mp3-Sammlung. Am besten werden Sie gleich selbst zum Datenschutzbeauftragten. Viele interessante Schulungen geben Gelegenheit zum Tausch und Aufstocken Ihrer Musik-Sammlung.

9.2 Unerhört

▓ Wie das mp3 Verfahren funktioniert

In den 80er Jahren strahlte das ZDF eine Kinderserie mit dem Namen »*Anderland*« aus. Pseudopsychologische Geschichten sollten Kinder zum Träumen anregen und die Phantasie steigern.

In Folge 15 mit dem Namen »*Unerhört*« sucht ein kleiner Junge mit einer fürchterlichen Topffrisur das, was der Regisseur im Titel versteckte. Er fand es schließlich in einer Muschel am Strand von Sylt. Es war das Rauschen des Meeres, das man nur hört, wenn man daran glaubt. Unerhört eben.

Gut zwanzig Jahre später sind Forscher des Fraunhofer-Instituts auf die Idee gekommen, aus eben diesem Unerhörten eine der wohl größten Erfindungen der Neuzeit zu machen. Und weil Unerhört-Player nicht gut klingt, nannten sie es mp3.

Zu dieser Zeit waren Tony Blair[20] und ebenso das amerikanische Militär[21] noch davon überzeugt, dass das, was man nicht sieht auch nicht da *ist*. Die Fraunhofer-Forscher waren bereits einen gewaltigen Schritt weiter. Sie fragten sich, ob das, was man nicht hört, denn unbedingt da sein *muss*. Innovative Querdenker eben.

Analoge wie digitale Tonaufnahmen zeichnen ein gewaltiges Frequenzspektrum auf. Das menschliche Gehör kann Töne ab einer gewissen Höhe und auch Tiefe aber gar nicht hören. Seine Bauweise lässt das nicht zu. Bei Walen ist das anders. Sie hören tiefste Töne noch über Kilometer hinweg. Da können Sie neben einem Pottwal schnorcheln, der über Ihre Figur lästert und kriegen es nicht mal mit, während der zweite Meeressäuger hunderte von Kilometern entfernt zu lachen beginnt. Ein Menschenohr hört nicht alles. Menschen mit Ring am Finger können das bestätigen.

Bei hohen Tönen ist es gar noch schlimmer. Am Anfang des Lebens ist das menschliche Ohr in der Lage, höchste Töne wahrzunehmen. Mit zunehmendem Alter lässt das nach. Bereits mit 20 Jahren fehlt uns eine ganze Tonleiter. Dass sich daraus sogar Geld machen lässt, zeigt die Existenz eines Handy-Klingeltons, den sich Jugendliche für 5€ herunterladen können. In Schulen

---

[20] Siehe: »Weitere Informationen finden Sie im Kleinstgedruckten«
[21] Siehe: »Wer hat Angst vorm schwarzen Mann«

sind angeschaltete Handys während des Unterrichts verboten. Das ewige Klingeln und Piepsen bei eintreffenden SMS-Nachrichten stört die mathematische Unterweisung mehr als der Klassenclown. Der angebotene Klingelton ist jedoch derart hochfrequent, dass er von Menschen über 20 Jahren (Lehrern) schlichtweg nicht wahrgenommen wird. Die Schüler hingegen wissen genau, dass jetzt ein vorgetäuschtes dringendes Bedürfnis angezeigt ist, um die Nachricht beantworten zu können.

Nun erhöht eine größere Zielgruppe den Gewinn. Warum also hochfrequente Töne nicht auch an die verkaufen, die es gar nicht hören können? Mit hochfrequenten Tönen können Sie beispielsweise auch die Parkanlage vor Ihrem Schlafzimmer beschallen. Jugendliche, die sich dort am »frühen Abend« zwischen 2:00h und 4:00h gerne noch ein Bierchen einverleiben, fühlen sich Dank des hohen Dauertons massiv unwohl. Die Suche eines neuen Treffpunkts wird recht zeitnah erfolgen. Ihrer ungestörten Bettruhe ab 21:00h steht nun nichts mehr im Weg und selbiger bleibt zukünftig auch deutlich sauberer. Hunde werden nämlich ebenso einen großen Bogen um Ihr Grundstück machen wie pubertierende Jugendliche.

Sie sollten sich aber nicht wundern, wenn das Baby der jungen Familie im Haus neben an, plötzlich zum Schreikind wird und keine Nacht mehr durchschläft. Oder Ihre Katze die Vorhänge zerfetzt …

Zurück zu mp3. Töne in Frequenzbereichen, die kein Mensch – egal ob alt oder jung – hören kann, erzeugen riesige Mengen an Daten. Die Aufnahmegeräte speichern diese natürlich ebenso ab, wie die, die der Komponist für Schnecke, Amboss und Steigbügel vorgesehen hat. Nun ist eine Musikaufnahme primär zum Anhören gedacht. Es stört also auch nicht, wenn die Frequenzen, die sowieso nicht zu hören sind, einfach herausgeschnitten werden. Die Datenmenge reduziert sich schlagartig ganz erheblich und zusammen mit einer verlustfreien Komprimierung erreicht mp3 dadurch eine Datenreduktion von knapp 80%. Daher sind mp3 Dateien bei annähernder CD-Qualität derart klein.

Findige Verbrecher sind dann gleich auf die Idee gekommen, eine alte Idee ganz modern zu nutzen. Wenn man Daten in Bildern verstecken[22] kann, warum nicht auch in Musik? Unerhörte Frequenzen kann man auch verändern, ohne dass es jemanden stört. Ist das Ziel nicht die Verkleinerung der Datenmenge, lassen sich mehrere Dutzend Seiten Text und ganze Grafiken in einem

---

22 Siehe: »Die Griechen haben angefangen«

vier Minuten dauernden Lied unterbringen, ohne dass es beim Abspielen der CD zu hören ist. So können geheime Daten unbemerkt per Musik-CD das Land verlassen. Ein Umkehrprogramm baut die Daten beim Empfänger wieder zu einem Word-Dokument zusammen.

Sucht die Polizei nach Beweisen, wird sie nur ganz schwer fündig. Und selbst die Erkenntnis, dass Daten steganographisch in Verdis Aida versteckt sind, reicht nicht zwangsläufig aus, um diese in der richtigen Reihenfolge wieder sinnvoll zusammensetzen zu können.

Heute werden rund 140 Millionen mp3-Player pro Jahr verkauft. Als eigenes Gerät, in Handys, Autoradios und sogar in Brillen. Wenn das der Junge mit der fürchterlichen Topffrisur damals schon erkannt hätte, er wäre mit seiner Muschel unerhört reich geworden.

9.3   Ein Kapitel nur für Männer

▨ Wie Pay TV im Hotel funktioniert

Hotelzimmer, finde ich, sehen alle gleich aus. Der Aufbau eines rechtwinkligen Zimmers lässt nicht viel Spielraum, um eine optimale Raumausnutzung zu erreichen. So befindet sich das Bad unmittelbar nach dem Eingang. Etwas weiter hinten das Bett, ein Sesselchen und meist ein Schreibtisch, der den Namen nicht wirklich verdient.

Gegenüber vom Bett ist eine Kommode und darauf prangt eine formschöne Plexiglasablage, die Ihnen die Fernbedienung anreicht. Nimmt man diese in die Hand, um den Fernseher mit der meist falsch geschriebenen Begrüßungsmeldung abzuschalten, dann sticht einem die nächste Haupt-Einnahmequelle des Hoteliers (neben der Tiefgarage) ins Auge: Pay TV.

Ja, meine Herren, da können Sie für schlappe 12,50€ ganze 24 Stunden lang Zorro oder Shrek zur abendlichen Entspannung ansehen. Bei durchschnittlich 120 Minuten können Sie den Film Ihrer Wahl ganze zwölf Mal betrachten. Da kann es schon mal passieren, dass man an den langweiligen Stellen auf Pay-TV-Kanal 3 oder 4 umschaltet.

Aber halt! Denken Sie an das morgendliche Auschecken an der Hotelrezeption. Wenn Sie endlich an der Reihe sind, lächelt Sie die nette Blondine an und fragt in zaghaftem Ton, ob denn noch was aus der Minibar dazukäme. Anschließend wird sie rhetorisch vollendet und um 3db lauter verkünden, dass Sie »eine Übernachtung und einmal Pay TV« hatten. Na, da fängt das Kichern der Kollegen hinter Ihnen doch schon an.

Machen Sie nicht den Fehler zu sagen, dass Sie nicht geschaut haben, das System irrt sich nie. Die blutjunge Schönheit kann Ihnen ganz genau sagen, welchen Kanal Sie wie lange geschaut haben, wie oft Sie bei langweiligen Stellen zwangsweise auf Kanal 4 umschalten mussten und so weiter. Auch ein mutiges Daumen-hoch und die Aussage »Zorro war super« bringt nichts, es glaubt Ihnen sowieso keiner.

Das einzige, was hilft ist ein eigener Fernseher. Schließlich kommt das Bild nicht erst dann in Ihr Zimmer, wenn Sie die Fernbedienung mit zweimal auf OK drücken dazu veranlasst haben – das Bild ist immer da. Im so genannten Multicast Verfahren sendet ein Bild-Server das Video permanent an viele

Empfänger – die Fernsehgeräte in den Zimmern. Das böse Fernsehgerät jedoch hält das Bild so lange in einer kleinen schwarzen Box auf der Rückseite zurück, bis Sie Ihren Geldbeutel erleichtern.

Warum also nicht einen eigenen Fernseher ohne so eine schwarze Box mitbringen? Die gibt es mittlerweile schon für die Hosentasche. Nämlich als analogen USB-TV-Stick für den Laptop.

Stick rein, Antennenkabel aus dem Fernseher raus, an den Stick anstecken und dann mit der beiliegenden Software den Kanalsuchlauf starten. Kurze Zeit später laufen Shrek, Zorro und die weiblichen Helden der Kanäle 3 und 4 völlig illegal – dafür aber auch völlig kostenfrei – auf dem Laptopmonitor.

Abbildung 9-1: Eine USB-TV-Karte und Werbung für PayTV

Dummerweise ist das nicht mit meiner sozialen Einstellung zu vereinbaren, schließlich erschleichen Sie sich fremde Leistungen. Auch ist der Trick nicht gerade neu und einige Hotels haben daher bewusst die Antennenbuchsen vertauscht. Das Kabel passt nicht mehr und ein Adapter muss her. Allmählich wird's dann wirklich kriminell.

Wenn Sie sich aber doch trauen: Manche etwas teurere USB-TV-Sticks haben auch noch einen mpeg2-Decoder Chip, da können Sie Shrek gleich für die Kinder zu Hause aufnehmen. Auf DVD gebrannt und im Bekanntenkreis weiterverkauft ist das Upgrade für die Junior-Suite auch ruck-zuck wieder drin.

9.4 Public Viewing

▨ Was die Filmindustrie nicht bekämpfen kann

Zur Fußball-Weltmeisterschaft 2006 in Deutschland haben wir uns erstmals wieder getraut, die eigene Fahne ins Fenster oder sogar ans Auto zu hängen. Ein positives nationales Wir-Gefühl, welches wir schon seit Jahrzehnten gar nicht mehr kannten und nur leicht vermindert auch 2010 noch anhielt.

Public Viewing war der neueste Hit. Zig tausende Menschen strömten schwarz-rot-gold bekleidet und bemalt auf öffentliche Plätze, um Philipp Lahm & Co. zuzujubeln und auf den respektablen dritten Platz zu schreien. Solche öffentlichen Aufführungen sind aber gar nicht neu. Auch aktuelle Kinofilme kommen auf diese Weise, manchmal sogar noch vor der Premiere, zu ungewollten Zuschauerzahlen.

Seit Jahren kämpft die Filmindustrie gegen Tauschbörsen im Internet, auf denen die teuer hergestellten Streifen kostenlos zum Download angeboten werden. Selbst die unerfahrenen Mütter und Väter haben mittlerweile landauf landab mitbekommen, dass die eigenen Kinder hier illegale Dinge machen und dies durch Androhung von Hausarrest oder Taschengeldkürzungen unterbunden. Sie auch?

Nun sind die kleinen Bälger aber durchaus erfindungsreich und bringen die juristisch unerfahrenen Eltern mit neuen Tricks in Erklärungsnot. »Was, wenn ich den Film gar nicht herunterlade, sondern einfach live über das Internet ansehe?« Live-Stream heißt das Zauberwort – Public Viewing im Kinderzimmer. Die Festplatte mit dem Film steht in Russland, China oder sonst wo und nicht mehr belastend im eigenen Wohnzimmer. Ansehen lässt sich der Streifen dann per Mausklick und das schnelle DSL-Netz überträgt meist ruckelfrei nur die gerade laufende Filmsequenz. Ähnlich wie früher die analoge Antenne oder das modernere DVB-T. Ist der Video-Player auf dem PC richtig konfiguriert, wird auch wirklich nichts auf der Festplatte gespeichert.

Was soll man da antworten? Überall heißt es, dass das tauschen oder herunterladen von Filmen illegal ist. Von ansehen war nie die Rede. Bei den meisten keimt trotzdem ein kleiner Zweifel an der Rechtmäßigkeit auf. Zu Recht?

Wie so oft im Leben gibt es verschiedene Meinungen. Professor Heckmann von der Uni Passau, ein ausgewiesener Fachmann für IT Recht, rät dazu, die

Finger besser von der Maus zu lassen. Und das, obwohl ein Kollege von der Ruhruniversität Bochum die Nutzung von Streaming-Angeboten als urheberrechtlich zulässig ansieht[23]. Einig sind sich die Fachleute trotzdem: Der Inhaber der Urheberrechte wird nichts unversucht lassen, auch Nutzer derartiger Angebote zu belangen.

Gehen Sie also lieber ins Kino, am besten mit der ganzen Familie. Da haben Sie dann nichts zu befürchten und viel mehr Spaß als heimliches Gucken im Wohnzimmer in meist mieser Qualität macht das auch.

Sollten Sie übrigens mal von einem Amerikaner zum Public-Viewing eingeladen werden, achten Sie bitte auf korrekte Kleidung. Dort bezeichnet Public-Viewing nämlich das Ausstellen einer aufgebarten Leiche zur Kondolierung. Wenn Sie da mit Tröte und Fanschal aufkreuzen, ist das eher unpassend.

---

[23] »Sicher geht's besser« WS 2009/2010 Abschlussbericht

9.5   Fernsehen nur für mich

■ Wie IP-TV das Fernsehen revolutionieren wird

Lieblingssendung verpasst? Kein Problem! Schon heute bieten die TV-Sender die Möglichkeit, die versäumte Folge der Vorabend-Soap im Web anzusehen. Mediathek nennt sich das, und die Privatsender überschütten uns auch dort schon mit Werbung, Werbung, Werbung.

Die Mediatheken sind der erste Schritt in eine vollständig IP-basierende Fernsehwelt. Was mit *Entertain* oder *Maxdome* beginnt, wird in naher Zukunft alltäglich sein. Nicht der Satellit sendet das Fernsehbild, es ist der Internet-Provider. Und das revolutioniert das Fernsehen, es wird uns ein nahezu völlig privates, personalisiertes Filmangebot ermöglichen. Wir bekommen nur das gezeigt, was uns auch gefällt und die Werbung bringt wenigstens nur die Angebote, die mich echt ansprechen.

Klingt verlockend? Vielleicht. Möglicherweise ist es aber die Vorstufe zur Entmündigung. Doch bevor wir das beurteilen können, müssen wir erst einmal verstehen, wie IP-TV überhaupt funktioniert und welche Möglichkeiten es dem Anbieter bietet.

Zum Empfang von Fernsehen über Internet wird ein Receiver benötigt. Diesen bekommt man nicht im Geschäft, nein, er kommt automatisch vom Anbieter per Post. Was nach Service klingt, ist allerdings Zwang, denn das Gerät ist personalisiert. Es enthält einen eindeutigen Schlüssel, damit das Signal – der Videostream – entschlüsselt werden kann. Das ist notwendig, weil die Sendungen einer so genannten Grundverschlüsselung unterliegen.

Schaltet man den Receiver ein oder wechselt den Kanal, wird das entsprechende Videosignal vom Server angefordert. Der Anbieter weiß damit sehr genau, wer wann welchen Kanal sieht und wie lange er das tut. Theoretisch kann die Set-Top-Box über das Scart-Kabel sogar erkennen, ob das Fernsehgerät angeschaltet ist oder nicht. Das könnte man umweltpolitisch sinnvoll nutzen, wenn sich der Receiver dann selbständig in den Stand-by-Modus schalten würde, es geht aber nur um die Statistik der werbewirksam zusehenden Bevölkerung, nicht um Stromsparen.

Unser Fernseher hat im Zeitalter des Internets einen Rückkanal erhalten. Fast in Echtzeit können die Sender Informationen über ihre Zuseher erhalten und diese werden sie auch nutzen. Auch wenn es noch Zukunftsmusik ist, die Möglichkeiten für die Werbeindustrie sind gigantisch. Der Nutzer und sein Fernsehverhalten werden gläsern und verknüpft mit Facebook, Xing & Co. lassen sich auch Werbung und Spielfilme personalisieren.

Es wird kommen, dass unser Nachbar andere Werbung sieht, als wir. Das junge dynamische Paar von nebenan – *double income, no kids* – wird coole, energiegeladene Werbefilme eines schwäbischen Sportwagenherstellers gezeigt bekommen, während bei uns Windeln und Babykost angepriesen wird. Das mag vielleicht noch einleuchtend klingen. Psychisch belastend wird es, wenn wir merken, dass wir – zumindest für die Sender – langsam aber sicher als altes Eisen gelten. Werden plötzlich Werbespots für Zahnreinigung der Dritten oder Windeln für Erwachsene gesendet, kann das schon belasten.

Neben gezielter Werbung lassen sich mit verknüpften Daten aus sozialen Netzwerken aber auch andere Dinge ableiten. Was bestellen Menschen im Versandhandel, die die gleichen Filme sehen, wie Sie? Die Chance, dass Sie auf die gleichen Waren stehen, ist groß und anhand Ihres Business Profils lässt sich sogar Ihre Position und damit auch ein bisschen Ihre Zahlungsfähigkeit ableiten.

Auch das kann man vielleicht sogar als sinnvolle Errungenschaft ansehen. Aber wollen Sie, dass die Free-TV-Premiere bei Ihnen in gekürzter Fassung läuft, nur weil der Sender weiß, dass Sie minderjährige Kinder im Haushalt haben? In der Wohnung nebenan fehlt weder Blut noch Geschrei, da sind ja auch alle erwachsen.

Die Sender werden uns bevormunden. Sie sind in der Lage uns nur das zu zeigen, von dem **sie** glauben, dass es für **uns** sinnvoll oder richtig ist – immer begleitet von der Frage möglichen Umsatzes. Angelockt von zugegeben wirklich angenehmen Begleiterscheinungen wie zeitversetztem Sehen, einer Pausefunktion bei drückender Blase sowie einem gigantischen Angebot an Video-on-Demand Filmen wird IP-TV mittelfristig die Haushalte durchziehen. Davon sind Zukunftsforscher ebenso überzeugt wie Unternehmensberatungen.

Ein auf Linux basierender Videorekorder[24] bietet übrigens heute schon die gleichen komfortablen Funktionen für Sat, Kabel und DVB-T. Ohne Nebenwirkungen der Sender und noch dazu völlig kostenlos. Open Source sei Dank.

---

24 VDR, siehe auch www.vdr-wiki.de

9.6 Volle Batterien

▓ Wie man Infrarotlicht sichtbar machen kann

Bei einem Meeting vor ein paar Tagen sah ich nur Pfeifen. Ich bin also gleich mal zum Augenarzt, da ich dachte, ich habe Tinnitus in den Augen. Er konnte mich beruhigen, das mit den Pfeifen, so sagte er, liegt an etwas anderem, meine Sehkraft ist – bis auf eine kleine Kurzsichtigkeit – völlig in Ordnung.

Das mit dem Sehen ist schon so eine Sache. Tagsüber Pfeifen und Abends in der Glotze persönliche Schicksale, mit der Kamera begleitet. Ibiza-Schicksale junger Düsseldorferinnen auf RTL II. Da hilft nur schnell weg zu zappen. Wenn die Fernbedienung dann nicht reagiert kann das zwei Gründe haben. Sie hat nach 37-mal zu Boden fallen endgültig den Geist aufgegeben oder die Batterien sind mal wieder leer.

In beiden Fällen hat man ein Problem. Entweder sind gerade keine passenden Energiespeicher im Haus oder kein Spezialgerät um eine Fernbedienung auf Funktionsfähigkeit zu prüfen. Nun ja nicht ganz, sofern Sie eine Digitalkamera Ihr Eigen nennen.

Die Aufnahme-Chips – so genannte CMOS Sensoren – der heutigen Digitalkameras sind in der Lage, Infrarotstrahlen zu erfassen. Da nahezu alle Fernbedienungen mit Infrarotlicht arbeiten, kann man die Strahlen der Fernbedienung im Sucher der Kamera sehen. Halten Sie die Seite, die normalerweise zum Fernseher zeigt einfach mal in Richtung der Linse, drücken dauerhaft eine Taste und sehen davon auf den Monitor der Kamera.

Wenn es dort jetzt weiß blinkt, dann ist sowohl die Batterie als auch die Fernbedienung in Ordnung. Möglicherweise stand also nur eine Familienpfeife im Weg und hat den Empfänger abgedeckt.

Mit einer besonders starken Fernbedienung können Sie übrigens samt Ihrem Fotohandy auch unter der Bettdecke in völliger Dunkelheit lesen. Ein Nachtsichtgerät für Arme ist das. Nicht besonders gut für die Augen sagt mein Arzt, aber wenigstens gibt es dort keine Pfeifen zu sehen.

Abbildung 9-2: **Leere Batterie und volle Batterie – gesehen durch eine Digitalkamera**

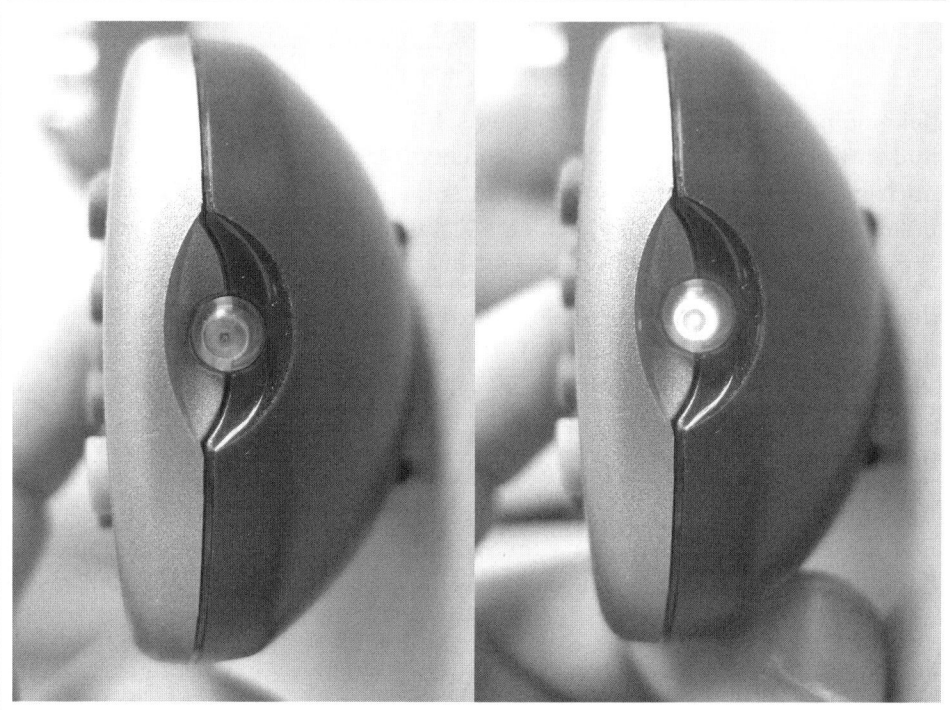

9.7 Erster!

▨ Warum beim Fernsehen manche eher jubeln

So ein Elfmeterschießen kann schon verdammt langweilig sein. Besonders dann, wenn die halbe Nachbarschaft schon »*Toooor!*« schreit, obwohl der Schütze auf dem eigenen Fernseher gerade erst anläuft. Die Spannung sinkt auf den Nullpunkt, wenn man beim Treten der Flanke schon weiß, ob der anschließende Kopfball knapp daneben geht oder in die Maschen. »*Ooh*«- und »*Aah*«-Rufe der Nachbarn prophezeien dies mit der Trefferquote von Krake Paul[25] bei der Männer-Fußball WM im eigenen Land.

Allerdings haben die ganzen Menschen um einen herum gar nicht orakelt. Sie empfangen ihr TV-Bild nur anders. Fernsehen kann man heute nämlich auf unterschiedlichste Weise. Über die gute alte Antenne (aussterbend), über DVB-T, Satellit, über Kabel und neuerdings auch über IP, also das Internet. Das Ganze geht dann noch analog, digital, in HD, in HD+ oder gar als Stream über das Mobilfunknetz. Wer soll da noch durchblicken.

Eigentlich ist klar, dass bei all den verschiedenen Verfahren die Laufzeit der Bilder unterschiedlich sein muss. Es klingt logisch, dass ein Satellitenbild später ankommt, weil das Signal schließlich mit Hin- und Rückweg etwa 76.000km zurücklegen muss. Ist aber gar nicht so. Tatsächlich legt ein Fernsehsignal die Strecke *Erde – Satellit – Erde* in etwa einer Viertelsekunde zurück, der zu beobachtende Zeitunterschied zwischen den verschiedenen Empfangsarten beträgt aber ganze drei Sekunden. Drei Sekunden, in denen ein Teil der Menschheit über Kabel-TV schon sieht, was passiert, während der andere Teil via DVB-T noch im Tal der Ahnungslosen sitzt – Wikipedia schreibt sogar von »bis 2-8 Sekunden«[26].

Tatsächlich liegt die Ursache im Codieren und Decodieren des Signals, in Komprimierungsverfahren, Fehlerkorrektur und in Puffern. Digitales Fernsehen, ganz egal, ob es über die Luft, ein Kabel oder aus einer Umlaufbahn heraus empfangen wird, muss umgerechnet werden. Dies geschieht an jedem Medienbruch, sprich überall dort, wo das Signal von einem Medium auf ein

---

25 http://de.wikipedia.org/wiki/Paul_%28Krake%29
26 http://de.wikipedia.org/wiki/DVB-T

anderes umgesetzt wird. Je mehr Medienbrüche (Kabel – Luft – Antenne – Receiver), desto öfters die (De-)Codierungen, desto größer die Verzögerung.

Die Datenmenge, die übertragen wird, kann durch geschickte Komprimierung reduziert werden und ein Puffer sorgt zusätzlich dafür, dass das Bild nicht ruckelt oder stehenbleibt, wenn Störungen den Datenstrom kurzzeitig unterbrechen. Dieser Puffer speichert dazu den Datenstrom für eine gewisse Zeit vor, bevor er als Bild angezeigt wird. Das heißt auch, dass nach dem Umschalten eine kurze Zeit nichts angezeigt werden kann, ehe das Bild dann läuft[27], schließlich muss der Puffer erst einmal gefüllt werden.

Letztlich ist aber nicht nur die Anzahl der Medienbrüche für eine Verzögerung verantwortlich. Gerade bei einem HD Kanal sind riesige Mengen an Information nötig. Die wollen auch noch gepuffert werden. Insofern werden Sie bei einem gestochen scharfen HD Bild zwangsläufig auch hinter einem in Standard-PAL ausgestrahlten Kanal herhinken und später im Bilde sein.

Die Fehlerkorrektur sorgt letztendlich noch bei einer Störung dafür, dass fehlende Einzelbilder nachberechnet werden. Dazu wird das vorhergehende und das nachfolgende Bild analysiert und anhand von Mittelwerten der Farbpunkte das Fehlende errechnet und eingefügt. Das menschliche Auge gaukelt unserem Gehirn dann ein wunderbar scharfes und ruckelfreies Bild vor.

Ist der Empfang tatsächlich schlecht, hilft auch das nichts mehr und es kommt – wie bei digitalen Bildern üblich – zu Klötzchenbildung. Dies liegt wiederum daran, dass ein digitales Bild in Rechtecke unterteilt ist und immer nur solche Rechtecke übertragen werden, bei denen sich etwas geändert hat. Ein Bild mit festem Hintergrund und einer kleinen, sich bewegenden Figur wird daher auch bei schlechter Signalstärke gut sein. Schwenkt die Kamera aber, dann tauchen die Klötzchen in großer Zahl auf und das Bild wird unscharf.

Übrigens sorgt die eigentlich hervorragende Fehlerkorrektur heutzutage auch dafür, dass sich die Reichweite der DVB-T Sender gegenüber den alten analogen Sendern erhöht hat. Wo früher nur noch Krisseln zu sehen war, reicht es heute noch zu einem Bild. Zwar ist das Bild größtenteils errechnet, dafür aber Live – also fast.

---

[27] Was zusätzlich zur Dauer beim Wechsel der Frequenz innerhalb des Receivers kommt.

9.8 Ohne Visum

▓ Warum es bei der DVD einen Ländercode gibt

Sehen Sie gerne Filme im Original? Dann bietet es sich an, auf der Urlaubsreise nach Asien oder Nord-Amerika einen Packen DVDs mit den neuesten Filmen zu kaufen. Original natürlich, keine Raubkopien.

Sind Sie dann zu Hause angekommen, wird Ihr DVD-Spieler die silbernen Scheiben jedoch nicht abspielen. Der Regionalcode stimmt nicht mit dem des Abspielgerätes überein. Zwar kann man – durch zigfaches Tastendrücken auf der Fernbedienung – den Ländercode am Player ändern, jedoch maximal fünfmal.

Begründet wurde die Einführung des Regionalcodes mit den Filmrechten der lokalen Vermarkter. Der Kunde sollte keine günstigen Filme im Ausland kaufen können – gerade in Zeiten des Internet-Shoppings.

Stellen Sie sich mal vor, Ihr Auto würde das auch tun. Kurz nach der Grenze in die Schweiz einfach stehenbleiben, weil es kein Visum hat, keinen Regionalcode für Helvetia. Ist ja schließlich in Deutschland gekauft.

Der Ländersperre in DVD-Playern wird unter den Freiheitskämpfern im Internet als bewusste Reglementierung der Kunden gesehen. Er ist nichts anderes als ein Anti-Feature[28].

---

[28] Siehe: »Anti-Feature«

10 Biometrie

10.1 Biometrischer Reisepass

▓ Wie man den Fingerabdruck aus dem Reisepass entfernt

Deutsche Haushalte verreisen im Schnitt 15 Tage im Jahr. Jeder Bürger spendiert für die schönste Zeit des Jahres durchschnittlich rund 70€ pro Tag und meist geht es ins Ausland. Dies mag auch ein Grund dafür sein, dass 80% der Bundesbürger einen Reisepass besitzen.

Verglichen mit unseren europäischen Nachbarn liegt dieser Wert im oberen Mittelfeld. In Amerika ist es genau umgekehrt. Etwa 80% haben **keinen** Pass. Warum ist das so? Es gibt Leute, die behaupten, dies läge daran, dass Amerikaner gerne die lästige Zollkontrolle umgehen – gerade in Ländern mit größeren Ölvorkommen soll das öfters der Fall sein, aber das lasse ich jetzt mal nicht gelten.

Reisepässe sind Eigentum des Staates, der sie ausstellt. Er gehört mir also nicht, ich habe nur ein Besitzrecht. Daher kann der Staat auch hineinschreiben, was er will, im Rahmen der Gesetze allerlei Daten über mich erfassen und in dem Dokument speichern. Seit 2005 werden in Reisepässen auch personenbezogene Daten wie Name und Geburtsdatum zusätzlich in einem kleinen Chip gespeichert. Es ist ein Funk-Chip (RFID), der kontaktlos von einem Lesegerät ausgelesen werden kann.

Natürlich ist alles verschlüsselt und die Chips entsprechen den höchsten Sicherheitsstandards – nach *heutigem* Stand der Technik und was das bedeutet, hat man beim WLAN gesehen. Was dort vor drei bis vier Jahren noch als unknackbar galt, ist heute in weniger als fünf Minuten gehackt.

Seit 2007 werden auch Fingerabdrücke im Chip des Reisepasses gespeichert. Überall wurde diskutiert, ob das jetzt nicht zu weit geht. Fingerabdrücke – das kennt jeder vom Tatort Sonntagabend 20:15h – werden immer nur den Verbrechern abgenommen. Den Bösen! Stehen wir nun alle unter Generalverdacht? Nur weil wir an Pfingsten am Roten Meer schnorcheln gehen? Unverschämtheit, Überwachungs-Staat! Demos waren die Folge, tausende Leute gingen auf die Straße und in jeder Gazette war darüber zu lesen.

Sicherlich kann ich diese schleichende Überwachung und Infiltrierung meiner Privatsphäre nicht gutheißen, auf der anderen Seite muss ich mich selbst fragen, ob ich nicht schon heute mit Payback und Co. viel zu viele private Informationen preisgebe. Und dann auch noch an kommerzielle Firmen, die mit dem Verkauf eines Käuferprofils viel Geld verdienen.

Wenn ich mir hin und wieder eine DVD ausleihen will, muss ich Mitglied in einer Videothek werden. Am besten sogar in einer 24-Stunden-Videothek mit Ausleihautomaten. Super praktisch. Tag und Nacht geöffnet, keine komischen Blicke, wenn es mal Blond und nicht Bond ist. Und billiger ist es obendrein, weil ja auch keine Arbeitsplätze geschaffen werden müssen.

Bekanntlich werden in Videotheken auch Filme angeboten, die nicht jugendfrei sind. Deshalb muss der Betreiber sicherstellen, dass keine Jugendlichen an derartige Filme kommen. Sind keine Angestellten mehr vor Ort, die das kontrollieren, reicht dazu ein Mitgliedsausweis und eine PIN nicht mehr aus. Zu einfach könnte sich der Sohnemann die Karte aus Papis Geldbeutel nehmen.

Die PIN ist mit großer Wahrscheinlichkeit auch noch das Geburtsdatum des Erzeugers und schon steht dem Horror-Filmabend mit den Kameraden nichts im Wege. Nein, hier müssen sichere Methoden gefunden werden, und wenn selbst Vater Staat auf Fingerabdrücke setzt, ist das doch eine Superidee für eine Videothek.

Marktführende italienische Firmen überschwemmen Videotheken daher mit Fingerabdrucklesegeräten. Millionen Kunden lassen den Abdruck von mindestens zwei Fingerkuppen auf einem in aller Regel völlig ungeschütztem Rechner speichern. Dieser steht zudem meist nur hinter einer dünnen Gipswand. Zugriff darauf hat der Videothekenbetreiber, seine Freunde, seine Familie aber auch die Supportabteilung des italienischen Herstellers – also jeder, der an den Rechner gelassen wird.

Das muss man sich mal vorstellen. Ein Großteil der Bundesbürger steht der gesicherten und gut verschlüsselten Speicherung seines Fingerabdrucks durch Vater Staat äußerst kritisch gegenüber. Dem im Vergleich unzureichend geschützten Standard-PC in der von jedem zu jeder Tages- und Nachtzeit zugänglichen Videothek aber wird Vertrauen geschenkt und die Sicherheit gar nicht hinterfragt. Das passt nicht zusammen.

Natürlich gibt es Leute, die sich Gedanken machen und weder einer Videothek und schon gar nicht dem Staat trauen. Sie nutzen Videotheken mit Angestellten und einfacher Mitgliedskarte und diese Wahl kann jeder auch noch selbst treffen. Schwieriger wird es beim Reisepass, hier habe ich diese Wahlmöglichkeit nicht. Ich bin gezwungen, nun auch meinen Fingerabdruck zu hinterlassen – gespeichert in einem kleinen RFID-Chip, eingebettet im Deckel des Reisepasses.

Sehr schnell kamen findige Datenschützer auf die Idee, den Chip zu zerstören und unlesbar zu machen. Der Pass wird dazu einfach ein paar Sekunden in die Mikrowelle gelegt. Puff – schon ist Schluss mit filigranen Fingerlinien. Dummerweise verpufft der Chip wirklich. Unschöne, wenn auch kleine Brandflecken sind die Folge und da das Reisedokument Eigentum der Bundesrepublik, ist handelt sich diese Tat um eine Ordnungswidrigkeit, die mit Bußgeld belegt werden kann.

Freundlicherweise haben sich Mitglieder des deutschen Chaos Computer Clubs (CCC) dieses Problems angenommen und schon nach kurzer Zeit eine Möglichkeit gefunden, die RFID Chips ohne lästige Rückstände von ihren staatlichen Speicheraufträgen zu befreien.

Der RFID-Zapper erzeugt kurzzeitig ein extrem starkes Magnetfeld, welches durch Induktionsstrom mindestens ein Bauteil des Chips durchbrennen lässt. Gebaut werden kann der RFID-Zapper mit jeder handelsüblichen Einwegkamera für rund 10 Euro. Das darin verbaute Blitzlicht stellt für eine ausreichend kurze Zeit eine ausreichend hohe Spannung zur Verfügung.

Steht der biometrische Reisepass – zu Recht – immer wieder im Rampenlicht der Kritik, so hat das Blitzlicht-Gewitter der Fotografen mit dem RFID-Zapper doch eine ganz andere Bedeutung bekommen.

Und auch wenn die Amerikaner weniger Reisepässe haben, die Idee zu diesem Gerät hatten sie schon wieder als Erstes. Im Kinohit »*Men in Black*« hat ein kleines Gerät namens »Blitzdings« das Gedächtnis unerwünschter Augenzeugen gelöscht. Der RFID-Zapper ist auch so ein »Blitzdings« – nur halt für das virtuelle Gedächtnis eines Reisepasses. Bitte lächeln!

10.2   Filigrane Linien

▓ Wie man mit Holzleim Fingerabdrücke imitieren kann

Katzen haben zwar fünf Finger, aber nur vier Zehen – an jedem Fuß natürlich. Also eigentlich zehn und acht. Insgesamt meine ich und natürlich auch nicht Finger und Zehen, sondern Krallen. Bei uns Menschen ist das bekanntlich nicht so wie bei den Parasitenschleudern. Oben und unten ist die Anzahl gleich.

Uns Menschen ist auch ein eindeutiges Daktylogramm – ein Fingerabdruck – beschert. Obwohl, ob unser Fingerabdruck tatsächlich so eindeutig ist, ist bisher nicht bewiesen. Nur, weil bis heute noch keine zwei Menschen mit dem gleichen Abdruck gefunden wurden, geht man davon aus, dass dem so ist.

Die Annahme der Singularität reicht aus, um Menschen hinter Gitter zu befördern, also sollte es auch ausreichen, um damit den Zugang zu gesicherten Bereichen zuzulassen – oder eben nicht. Dummerweise öffnen sich Türen nicht durch Mitarbeiter der Spurensicherung, sondern durch Automaten. Fingerabdruck-Scanner, die die Minutien unserer Papillarleisten mit einem vorher hinterlegten Abbild vergleichen.

Lesen können sie die feinen Linien und Rillen durch verschiedenste Sensortypen. Kleine Elektroden messen pixelweise Spannung, Lichtbrechungen auf Prismenflächen, Ultraschall, Druck oder Temperaturen auf Thermosensoren.

All diese unterschiedlichen Sensoren haben ihre Vor- und Nachteile. Nicht nur im Preis, auch in der Sicherheit, einen Finger als solchen zu erkennen. Das biometrische Verfahren der Fingerabdruckerkennung muss echte von nachgemachten und lebende von toten Fingern unterscheiden. Ein lebendiges Handglied kann ein Sensor mittels Temperaturmessung erkennen. Allerdings nur, wenn dieser nicht frisch amputiert wurde. Besser ist da schon die Puls- oder optische Blutsauerstoffmessung, die schon länger serienreif in Krankenhäusern am Zeigefinger der Intensivpatienten klippt.

Nun gut, sicherlich brauchen die wenigsten Einsatzgebiete eine Sicherheit gegen gestutze Tatzen. Meist reichen die günstigeren kapazitiven Scanner ohne Lebenderkennung. Sie messen minimale Spannungen an rasterförmig angebrachten Elektroden. Dumm nur, dass jeder Heimwerker mit Heimcomputer alles in seinem Werkzeugkoffer hat, um dafür fremde Fingerrillen nachzumachen.

Gezeigt hat das der Chaos Computer Club in einem Video[29]. Der Fingerabdruck auf einem Bierglas wird mit den Dämpfen von Sekundenkleber sichtbar gemacht, abfotografiert und mittels Laserdrucker auf Folie gedruckt. Die durch den eingebrannten Toner dreidimensionalen Strukturen können dann mit einer dünnen Schicht von einfachem Holzleim abgenommen werden. So wird der eigene Finger zu dem eines anderen, Türen öffnen sich und Rechner erlauben Zugriff auf geschützte Daten.

Wenn ein Heimwerker in der Lage ist, die Fingerabdrücke anderer Menschen so nachzumachen, dass spezialisierte Lesegeräte, diese als echt erkennen, wieso ist dann noch nie ein Krimineller drauf gekommen, so eine falsche Fährte oder ein falsches Alibi zu legen? Mit dem falschen Finger am Tatort und dem eigenen am Komplizen zeitgleich im Nachbarort? Müssen wir den 1903 als Beweismittel in die Deutsche Kriminalistik eingeführten Beweis bald hinterfragen?

Die kapazitiven Scanner mit Auflagefläche benötigen keine Privatwerkstatt. Entgegen den schmalen Swipe-Sensoren, bei denen man den Finger über einen kleinen Streifen zieht, erwarten sie die Auflage des gesamten Fingers auf einer Glasplatte. Wie bei einem Fenster oder Glas bleibt ein durch Hautfett entstandenes Abbild unseres Fingers auf der Auflagefläche zurück. Um den Stromfluss erneut anzuregen, reicht es aus, diesen Rückstand durch Anhauchen zu befeuchten. Der Vergleich mit der Datenbank wird den Finger erneut erkennen und das Schloß geht auf. Nur kurze Zeit verkaufte deshalb die Firma Siemens eine Computermaus, die den Zugang zum Computer auf diese Weise sicherte – vermeintlich zumindest.

Viel mehr Angst bereitet mir jedoch der Gedanke, dass ein kommunaler Wasser- und Abwasserzweckverband im Umland von Dresden seine Trinkwasserbrunnen mit solchen Scannern schützt. Ist der Wartungsdienst gerade weg, reicht es, das Türschloss kräftig anzuatmen. Ob Knoblauchfahne oder nicht, die Tür geht auf und wer will, kann dem Trinkwasser tausender Menschen etwas beifügen, was da bestimmt nicht reingehört.

---

[29] http://www.youtube.com/watch?v=OPtzRQNHzl0

10.3   Links ist da, wo der Daumen rechts ist

▓ Was das persönliche Tippverhalten über einen verrät

Das Navi sagt »Links«, sie fährt rechts. Das Navi sagt »Rechts«, sie fährt links. Zum Wahnsinnig werden.

Das Phänomen des Links-Rechts-Verwechselns wird in Sketchen gerne dem weiblichen Geschlecht zugeschrieben. Das ist ungerecht und wohl auch nicht ganz korrekt. Mir ist aufgefallen, dass offenbar eher Linkshänder dazu neigen, die Seiten zu verwechseln.

Meine Tochter zum Beispiel ist Linkshänderin. Als sie Schreiben lernte, kam es vor, dass sie die Übungswörter im Schönschreibheft seitenweise zwar richtig, dafür aber jeden Buchstaben spiegelverkehrt schrieb. Es fiel ihr nicht einmal auf, wenn sie die Wörter laut vorlesen sollte.

Linkshänder sind offenbar anders gepolt, sie kämpfen gegen eine für sie unnatürliche Richtung. Und da Computer heutzutage ja alles und jedem die Arbeit erleichtern sollen, frage ich mich, warum das nicht auch für Linkshänder machbar ist. Zwar kann ich die Funktionen der linken Maustaste mit denen der rechten wechseln, so richtig umfassend scheint mir dieses Konzept aber nicht zu sein.

Um sich auf Linkshänder einzustellen, müsste der Computer ja erst einmal wissen, ob der Nutzer ein solcher ist. Kann ein Computer erkennen, ob der ihn bedienende Humanoid Links- oder Rechtshänder ist? Er kann. Und das sogar ohne irgendwelche zusätzlichen Geräte.

Professor Bartmann und sein Team von der Regensburger Universität haben ein System[30] entwickelt, mit dem sie anhand des Tippverhaltens auf der Tastatur erkennen können, *wer* davor sitzt. Sie werten ein biometrisches *Verhalten* aus, kein biometrisches *Merkmal*, wie es Fingerabdruck und Augen-Iris sind. Einmal antrainiert brauche ich mir ab sofort kein Passwort mehr merken. Der Login-Schirm meines Betriebssystems zeigt mir einfach einen Satz an, den ich abtippen muss. Ganz offen und ohne Geheimniskrämerei.

---

[30] Psylock

Versucht sich nun jemand anderes an meinem Rechner und tippt den eingeblendeten Satz ab, wird das System ihm den Zugriff auf meine Daten verwehren. Tippe ich selbst den Satz ab, komme ich problemlos hinein, so als ob ich ein geheimes Passwort eingegeben habe. Beim Abtippen des angezeigten Satzes registriert das System bis zu 34 verschiedener Tipp-Merkmale und wertet diese aus. Es kann so mit sehr hoher Trefferquote bestätigen, dass der rechtmäßige Nutzer an der elektronischen Klaviatur sitzt.

Diese Methode ließe sich nicht nur für den Login nutzen. Vielmehr könnte damit – selbst Monate später – einem Hacker der Einbruch in ein Computersystem nachgewiesen und die Verurteilung extrem vereinfacht werden. »Angeklagter, bitte tippen Sie dort Ihren Namen ein« tipptipptipp – Übereinstimmung gefunden. »Drei Jahre ohne Bewährung. Die Sitzung ist geschlossen.« Eine Beschleunigung des Strafwesens sondergleichen.

Eine derartige Erkennung muss natürlich sehr genau arbeiten und so genannte Falsch-Positiv-Ergebnisse (also Herrn Müller als Frau Schmidt erkennen) vermeiden. Der Professor führte daher einen Test durch.

Früh morgens, am Tag nach der studentischen Weihnachtsfeier der Universität ließ er rund einhundert Studenten zum Tippen antreten. Ich kenne den durchschnittlichen Promille-Wert der Probanden jetzt nicht, aber aus eigener Erfahrung kann ich sagen, dass er zweifelsfrei nicht unter 0,8 gelegen haben kann und für den ein oder anderen das frühe Aufstehen wohl eher anstrengend war. Der Test gelang trotzdem. Lediglich eine handvoll Studenten im Vollrausch kamen nicht in ihr System. Es darf aber bezweifelt werden, dass sie sich an ihr Passwort erinnert hätten, geschweige sinnvoll arbeiten hätten können.

Nun ist die Idee des Tippverhaltens nicht neu, aber 34 Merkmale hat nach meinem Kenntnisstand bisher noch kein anderes System ausgewertet. Daher ist es auch nicht verwunderlich, dass die meisten Firmen wegen zu großer Ungenauigkeit wieder von diesem Markt verschwunden sind. Was genau seine 34 Merkmale sind, das verrät der Professor – verständlicherweise – nicht.

Nur so viel: Er weiß genau, wann seine Sekretärin gerade wieder versucht, vom Glimmstängel loszukommen und wann sie dies wieder aufgegeben hat. Er kann auch nach wenigen Worten feststellen, ob der Proband ein Links- oder Rechtshänder ist. Letzteres ist – nach seinen Angaben – sogar ein sehr einfach festzustellendes Merkmal. Der gemeine Rechtshänder verwendet in der Regel die linke Shift-Taste für Großbuchstaben, ein Linkshänder die rechte.

Es bleibt die Frage, warum so etwas nicht schon früher erkannt und ausgewertet wurde. Stellen Sie sich doch mal vor: Das Navi im Auto erkennt selbständig bei der Eingabe des Ziels, dass der Fahrzeuglenker Linkshänder ist. Es könnte die Richtungsanweisung dann einfach immer für die entgegengesetzte Richtung aussprechen und jeder käme problemlos an sein Ziel. Sogar Linkshänderinnen.

11 Unterwegs

11.1 ConferenceCall im Großraumwagon

■ Wie man im Großraumwagon etwas Privatsphäre bekommt

Eine Bahnfahrt die ist lustig, eine Bahnfahrt die ist schön, denn da kann man fremden Menschen beim Telefonieren zuhör'n. Holla hi, holla ho. Und so weiter. Sie kennen das Lied. Und wenn Sie Bahn fahren, dann kennen Sie auch die, die uns im Großraumwagon zu einer Konferenzschaltung mit ihrem Handy einladen. Leider nur Mono, denn der zweite Kanal bleibt am Ohr des Mitreisenden und uns deshalb verborgen.

Was man da alles zu hören bekommt, ganz erstaunlich. Angeblich haben die chinesischen Sicherheitsbehörden einen Großteil ihrer Agenten von den gefährlichen Observationsaufgaben beim Betriebspraktikum entbunden und jedem eine BahnCard 100 gekauft. Schauen Sie sich nächstes Mal ruhig um im Großraumwagen, sie sind unter uns!

Flüchtet man dann in Richtung Speisewagen oder zur Getränkerückgabe, läuft man an dutzenden Laptops vorbei. Schamlose Geschäftsleute schauen aktuelle Kinofilme, deren Ursprung zweifelsfrei dubiosen und illegalen Ursprungs sein dürfte. Andere stricken noch am Businessplan. Wer in der Reihe dahinter sitzt, liest mit und weiß, wer Filme klaut. Von Privatsphäre und Datenschutz kann da keine Rede mehr sein.

Was also tun? Einfach abhängen und nichts mehr arbeiten? Die Zeit ungenutzt verstreichen lassen, nur weil vielleicht jemand von den Plänen und Zahlen der Firma erfahren könnte? Dabei ist doch gerade das ein Hauptargument contra KFZ und pro Bahn – in Ruhe arbeiten zu können, die Hand an der Tastatur und nicht am Lenkrad.

Abhilfe schafft eine Sichtschutzfolie. Sie wird einfach auf das Display des Laptops gelegt. Rund ein Dutzend feine Lamellen pro Millimeter sorgen für freie Sicht. Allerdings nur, wenn man direkt und gerade vor dem Bildschirm sitzt. Bewegt man den Kopf nach rechts oder links, wird das Bild schnell merklich dunkler. Liegt der Betrachtungswinkel über 30° in der Schräge ist der Bildschirm schwarz. Ein Sitznachbar oder Spanner, der von hinten durch die Sitze glotzt, sieht darauf nichts mehr.

Abbildung 11-1: Sichtschutzfolie im Einsatz

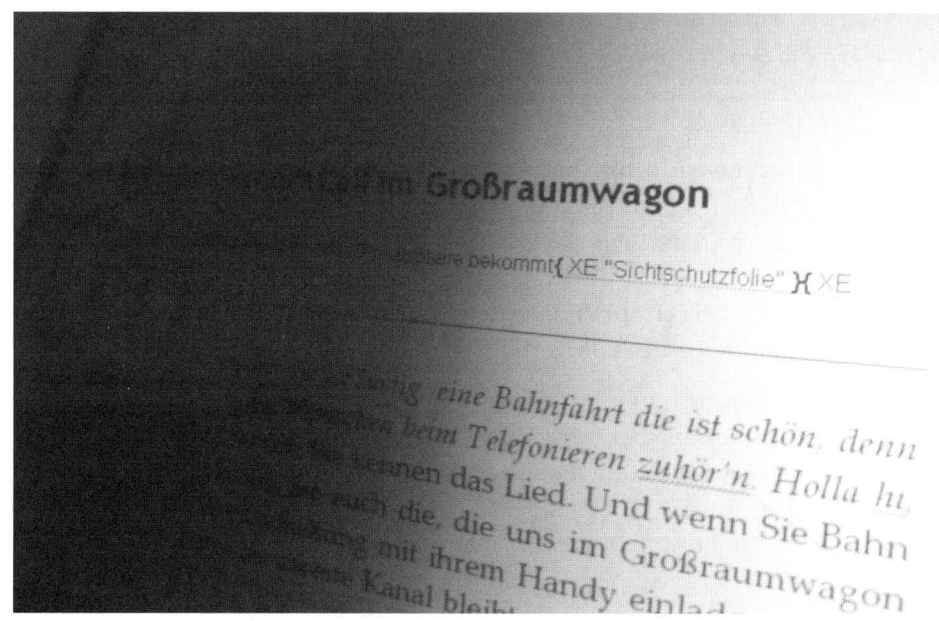

11.2 Zweitgetränk

▨ Wie man an kostenlose Getränke im Flieger kommt

Drei Liter soll man täglich trinken. Das ist eine ganze Menge. Wenn ich an manchen Tagen bewusst viel trinke, muss ich permanent zur Getränkerückgabe rennen, was meinem Arbeitgeber bei 5x5 Minuten rund 5% Unproduktivität beschert. Würde das also jeder machen, ist der Zeitausfall sogar größer als der durchschnittliche Krankenstand. Der liegt etwas über 3%.

Beim Fliegen ist das nicht anders. Hier soll man besonders viel trinken. Fliegt man etwas länger, ist das auch kein Thema. Die Airlines bringen nahezu pausenlos Getränke vorbei. Fliegt man sogar noch weiter, stehen in den ruhigeren Zeiten an Bord meist Getränke zur Selbstbedienung in den Küchen. Steward und Stewardess nutzen derweil die verdiente Pause und versuchen dem Jetlag zu entgehen.

Fliegt man Kurzstrecke gibt es Fluggesellschaften, die die günstigen Tickets auch durch die Beschränkung des Flüssigkeits-Ausschanks subventionieren. Wenige verlangen gar Geld für Getränke, andere wiederum beschränken die Ausgabe auf einen Becher pro Person.

Was also tun, wenn man trotzdem noch Durst hat, aber das Kleingeld fehlt oder der zweite Becher verwehrt wird? Darüber haben sich sicherlich schon einige den Kopf zerbrochen und gar nicht gemerkt, dass sie damit schon die Lösungen gefunden haben. Zwar muss der Kopf nicht ganz zerbrochen sein, er muss nur schmerzen. Ob er das wirklich tut oder nicht, kann niemand erkennen.

Fliege ich getränkearm und billig, habe ich immer eine alte Kopfschmerztablette im Visitenkartenfach meiner Laptoptasche. Ein winselnder Blick, die Tablette in der Hand und bis jetzt wurde ich noch nie abgewiesen, der leere Becher teils halb, teils randvoll neu aufgefüllt.

Viel besser als der gelöschte Durst ist aber der schmachtende Blick der Mitreisenden. Ich hab schon mal überlegt, ob ich dann nicht einzelne Pillen verkaufen sollte. War mir aber dann doch zu auffällig.

11.3 Upgrade

▓ Wie man einen 5er BMW zum Preis eines VW Golf bekommt

Männer sind schon komisch. Geht es um das männlichste aller Körperteile, geht es um den Größten. Dreht es sich um das neueste Handy, ist der der Coolste, der das Kleinste hat. Schon komisch. Beim Auto ist es dann wieder richtig rum. Hier geht es wieder um das Größte. Wie sonst auch kann es sein, dass spritfressende SUVs sich so gut verkaufen. Autos, deren Parkplatzproblem so groß ist wie der Kuhfänger vorne drauf.

Ehrlich gesagt, kenne ich auch niemanden, der in der Stadt schon mal eine Kuh angefahren hat. Wohl aber beschreibt der ADAC, dass selbst leicht angefahrene Fußgänger – besonders Kinder – schwerste Kopfverletzungen durch jene metallenen Bügel erleiden, die die Scheinwerfer vor einem Glasbruch beim Zusammenprall mit Weidetieren schützen sollen.

Wie so oft, wäre ein Kompromiss der goldene Weg. Ein für Außen- wie Insassen sicheres und sparsames Vehikel zu Hause oder als Geschäftsfahrzeug und auf Reisen den fetten Brummer vom Mietwagenverleiher. So kommt jeder auf seine Kosten. Die höheren Mietwagenpreise verschmerzt der Arbeitgeber durch weitaus niedrigere Kosten bei der Anschaffung der Geschäftsfahrzeuge. Mietwagenfirmen nehmen mehr pro Fahrzeug und kaufen dafür nur noch die Luxusausgaben beim Automobilhersteller. Alle glücklich und die Schäden am Schädel von Fußgänger dürften statistisch deutlich sinken, weil so viele Mietwägen gibt's ja gar nicht.

Bevor es allerdings zu diesen paradiesischen Zuständen kommt, müssen wir uns aber irgendwie anders behelfen. Mein Arbeitgeber hat eine Reisekostenrichtlinie. Hotels bis 80€ (inklusive Frühstück) und Mietwägen nur aus der Kompaktklasse. Finde ich in Ordnung. Eigentlich kann ich damit leben, denn auch das Management hat sich verpflichtet, sich daran zu halten.

Dumm nur, dass manche Wasser predigen und Wein trinken. In den letzten zwei Jahren sind mir alleine sechs Leiter anderer Ressorts beim einchecken begegnet, als ich nach einem Vortrag ein Taxi rufen lies – welches mich von der teuren Luxusherberge in eine den Richtlinien angemessene Unterkunft bringen sollte. Mir ist klar, dass das in den meisten Firmen so sein wird, förderlich für die Zusammenarbeit von Management und Mitarbeitern, gerade in schwierigen Zeiten, ist das allerdings nicht.

Für alle anderen, die sich an die Vorgaben halten, gibt es Tricks, wie man zumindest hin und wieder an die größeren Objekte beim Leihfahrzeug kommt. Und sich dabei trotzdem an die Vorgaben des Arbeitgebers hält.

Bestellen Sie grundsätzlich Vehikel, die es selten gibt. Kompaktklasse mit Automatikgetriebe zum Beispiel. Die Chance, dass dieses Fahrzeug nicht verfügbar ist, ist immer da und weitaus größer als bei einem Standardfahrzeug. Haben Sie sich die Getriebeart durch rechtzeitige Bestellung bestätigen lassen, dann bekommen Sie auch ein Automatik-Fahrzeug. Oftmals handelt es sich dabei um eine Kategorie über der gebuchten.

Fehlt der Fahrzeugtyp gänzlich, ist durch geschicktes und freundliches Verhandeln auch mal ein großzügiges Upgrade drin. Je nach Tagesform des Verleihers hatte ich so schon Sportwägen oder Cabrios zum Preis eines Kompaktwagens. Die Irene aus München bietet öfters mal die höhere Top-Kategorie an, während der grüne Franzose lieber zum kleinen aber auffälligen Wagenschlüssel greift.

Eine etwas perfidere Methode an schönere Autos zu kommen ist das, was ich Modell »Split-Bill« nenne. Fragen Sie bei der Abholung des bestellten Kompaktwagens nach einem Angebot für ein schönes Upgrade. Vielleicht haben die gerade einen Audi TT für 40€ Aufpreis da. Sehr schön, das soll es sein. Nun lassen Sie den freundlichen Vermieter in Ruhe alles ausfüllen.

Wichtig ist, dass Sie, kurz bevor er fertig ist, verkünden, den Aufpreis privat zahlen zu wollen, weil sie das über die Firma nicht abrechnen können. Der Betrag des gebuchten KFZ darf aber gerne auf die Firmenadresse berechnet werden. Bis heute habe ich keinen einzigen Verleiher gefunden, der das in seiner EDV abbilden kann.

Der Agent hat nun zwei Möglichkeiten. Entweder schreibt er umständlich die Buchung wieder um und lässt sie mit dem ursprünglich angemieteten Polo vom Hof fahren, oder er schenkt Ihnen das Upgrade einfach. Einfach, deshalb, weil es für ihn der einfachere Weg ist. Schließlich hat er keinen Bock, die ganzen Masken erneut zu befüllen.

Funktioniert übrigens besonders gut, wenn hinter einem schon eine Horde ungeduldiger Manager wartet. Für zukünftige Erweiterungen an den Abrechnungssystemen oder Schneidezahnkürzungen durch den wartenden Mob übernehme ich aber wie immer keine Verantwortung.

11.4 Wuuup, Wuuup

▓ Wie die funkgesteuerten Schlüssel bei Autos funktionieren

Jeden Samstag spielen sich auf den Großparkplätzen der Supermärkte die gleichen Szenen ab. Menschen mit vollen Einkaufswägen suchen ihre Autos. Zum Glück gibt es funkgesteuerte Schlüssel. Ein Druck auf den Knopf und Wuuup, Wuuup blinkt ein Fahrzeug drei Reihen weiter und öffnet die Türschlösser. Ton und Blinker signalisieren dem Besitzer den Weg zum eigenen Vehikel.

Gut, dass nur *ein* Auto aufgeht. Was wäre das für ein Chaos, würden sich gleich alle öffnen. Aber natürlich tun sie das nicht, denn – ähnlich einer Seriennummer – sendet der Schlüssel ein eindeutiges Merkmal. Zwar erkennen mehrere Fahrzeuge das Signal, reagieren tut aber nur eines. Das nämlich, welches die Seriennummer als die seine erkennt.

Was passiert aber, wenn jemand diese Seriennummer kennt, sie vielleicht sogar aufzeichnet und als sogenannte Replay-Attacke später wieder abspielt? Geht das Auto dann auf und verschwindet über die Neisse oder die Oder in Richtung Osten? Nein, das tut es nicht mehr. Schon seit mehreren Jahren haben die Automobilhersteller diesem Treiben eine Abfuhr erteilt.

Neben der Seriennummer kennen Schlüssel und Auto eine Reihe von Zahlen. Ähnlich der TAN beim Online-Banking reagiert der fahrbare Untersatz nur, wenn der Schlüssel auch eine richtige TAN sendet. Diese Zahlenreihe errechnet sich ganz unterschiedlich. Anhand der Seriennummer, der Schlüsselnummer (meist hat man zwei oder drei Stück davon erhalten) und einem Zähler zum Beispiel. Jeder Autohersteller hat sein eigenes System. Der Zähler ist aber wichtig, weil damit klar ist, welches die nächste TAN auf der Liste ist.

Anders als beim Geldverschieben per Internet verlangt das Kraftfahrzeug aber nicht unbedingt genau die nächste TAN von der Liste. Nervöse Zeitgenossen spielen im Aufzug an dem Schlüssel und drücken siebenundvierzigmal den Knopf. Das Auto ist nicht in der Nähe, empfängt daher das Signal nicht und der Zähler passt nicht mehr zum Fahrzeug. Gäbe es keinen Airbag für solche Fälle, die Türe bliebe verschlossen.

Abbildung 11-2: Intelligenter und dummer Schlüssel

Das Fahrzeug lässt auch die TAN Nummern zu, die in der Liste etwas später kommen, es weiß also, dass es Fahrer gibt, die gerne mal am Schlüssel spielen. Nun könnte ein Autodieb auf die Idee kommen, einfach mal wild alle möglichen Signale zu senden. Bei irgendeinem Fahrzeug wird die Kombination aus Zähler und TAN schon passen. Es ist nur eine Frage der Zeit.

Um einen derartigen Angriff abzuwehren, haben die Hersteller eine ganz einfache Methode erdacht. Empfängt das Auto eine passende TAN zum passenden Zähler, dann zählt es erst einmal nach, wie viele TANs zwischen der empfangenen und der erwarteten Nummer liegen und ermittelt so den Abstand zwischen Wirklichkeit und Erwartung. Ist der Abstand größer als der, dem man einem hippeligen Schlüsseldrücker zutraut, dann geht das Auto nicht auf. Erst einmal zumindest. Es erwartet nun als nächstes Signal exakt die nächste TAN in der Liste. Der echte Besitzer müsste also einfach ein zweites Mal auf den Schlüssel drücken.

Probieren Sie es aus, drücken Sie zu Hause ein paar hundert Mal auf Ihren Schlüssel. Hält die Batterie, dann werden Sie den Knopf in der Garage exakt zwei weitere Male drücken müssen um einsteigen zu können. Hält die Batterie nicht, dann sollten Sie den freundlichen Herrn aus dem Osten Europas bitten, mit dem Kleiderhaken beim Öffnen des Fahrzeugs behilflich zu sein. Sicher nur eine Sache von Sekunden.

11.5 Knochenspiegel

▨ Wie man die Reichweite eines Funkschlüssels erhöhen kann

Entfernungen schätzen ist für Männer so eine Sache. Manche Kerle halten 12cm irrtümlich für fast 30cm, was Kneipenbesitzer dazu drängt, über den Pissoirs schon mal so Sprüche anzubringen wie: »Geh näher ran, er ist kürzer als Du denkst.«

Frauen und Kinder hingegen haben ein unbeirrbares Gefühl für Längenangaben aller Art. Fast in der Präzision einer Naturkonstante stellt die Dame des Hauses bei der Fahrt in den Urlaub nach exakt 53km die Frage, ob Herd oder Bügeleisen ausgeschaltet sind. Kinder hingegen beginnen nach exakt 1/5 der Reisestrecke mit der Frage »Sind wir bald da?« – nur um dann den Rest der Fahrt die Eltern um den Verstand zu bringen.

Ein ebenso untrüglicher Entfernungsmesser ist der Funk-Autoschlüssel. Die Reichweite ist exakt 3 Meter kürzer als die Strecke vom Fenster zum geparkten Auto. Dumm für diejenigen, die sich regelmäßig die Frage stellen, ob man denn das Fahrzeug auch abgeschlossen hat. Also noch mal raus in den Regen und den Knopf auf dem Schlüssel drücken. Meistens war das KFZ dann doch schon zu, genau wie Herd oder Bügeleisen auf der Fahrt in den Urlaub natürlich auch ausgeschaltet waren.

Für den Herd bzw. das Bügeleisen habe ich noch keinen Trick, doch dank einer einfachen Methode können Sie Ihr benzinbetriebenes Gefährt öffnen – oder schließen – auch wenn die meist nur sehr kurze Reichweite Ihres Funkschlüssels normalerweise nicht reicht. Wenn Sie nämlich den Schlüssel vorne an Ihren Unterkiefer halten und dann den Knopf drücken, erhöhen Sie die Reichweite um bis zu 15 Meter.

Warum ist das so? Ihr Schädelknochen fungiert als Spiegel. Dadurch reflektiert er die Funkstrahlen und bündelt sie so, dass sie verstärkt auf Ihr Vierrad zufliegen und ihm signalisieren, dass sein Herrchen im Anmarsch ist und gerne einsteigen würde – oder einfach nicht mehr sicher war, ob die Türe zu ist.

Übrigens ist der korrekte Umgang mit Entfernungen den Männern wohl erst im Laufe der Jahre verloren gegangen. Noch im 3. Jahrhundert vor Christus beherrschten sie die Berechnung einer Länge nämlich perfekt. Eratosthenes von Kyrene zum Beispiel. Er berechnete anhand des Einfallwinkels der Sonne und der bekannten Entfernung zwischen Assuan und Alexandria den Erdumfang mit 39.690km[31] und lag damit gerade mal 385km daneben. Nicht schlecht, wenn man bedenkt, dass selbst hunderte Jahre später die Menschen und ganze Glaubensrichtungen noch dachten, die Erde sei eine Scheibe.

---

31 Andere Quellen sprechen von 41.750km, was einer Ungenauigkeit von 1.675km entspricht.

11.6   Letzte Ziele

■ Was man im Mietwagen an Spuren hinterlässt

Das Schöne an so einem Mietwagen ist ja, dass man ein sauberes Vehikel bekommt, dieses nicht aufräumen muss und in aller Regel auch ein weitgehend neues Fahrzeug unter dem Sitzfleisch hat. Auch die Vielfalt der Fahrzeuge ist ganz interessant. Man erkennt schon vor der Ausfahrt vom Mietwagenparkplatz, dass der eine oder andere Hersteller für den zukünftigen Kauf eines Neu- oder Gebrauchtwagens definitiv nicht in Frage kommt. Unterstützung bei der Kaufentscheidung nennt man das.

Einziger Nachteil dieser Vielfalt ist die unterschiedliche Handhabung. Da kommt es schon mal vor, dass man anstelle zu blinken die Scheibenwischwaschanlage anschaltet. Schlimmer sind jedoch all die unterschiedlichen Navigationsgeräte. Bei vielen dreht man am Rad, welches manche Hersteller so gut verstecken, dass man glauben möchte, sie haben selbiges ab.

Hat man den Dreh raus, ist das Ziel in der fremden Stadt dann doch halbwegs zeitnah eingestellt und los geht's. Habe ich ein wenig Zeit, sehe ich mir jedoch immer noch den Speicher mit den letzten Zielen an. Wo ist der (unbekannte) Vorgänger – oder besser Vorfahrer – denn gewesen? Das ist manchmal ganz interessant. Meistens prüfe ich dann noch den Adressspeicher des internen Telefons. Mal sehen, ob da jemand beim Koppeln an die Bluetooth-Freisprechanlage gleich mal alle Kontakte übertragen hat. Sehr nett, da steht *Dr. Huber (Vorstand)* gleich neben *Mama*. Es ist schon erstaunlich, wie wenig Sorgfalt die Menschen mit ihren Daten walten lassen.

Die meisten Kunden werden kein Problem damit haben, dass die Fahrzeuge Informationen über sie und ihre fahrenden Vorfahren aufheben. Schließlich sind diese Informationen aus Sicht des Mieters nicht personenbezogen. Wer weiß denn schon, wer der Vorfahrer war. Allerdings sollte man sich schon mal Gedanken machen, von wem man die Kontaktdaten bei »Gewählte Rufnummern« hinterlässt. Ist das demjenigen überhaupt recht?

Als Mietwagenfahrer haben Sie zumindest eine moralische Pflicht, die Datenspuren, die Sie hinterlassen, zu löschen. Schließlich sind es meist nicht Ihre Daten, sondern die Ihrer Kontakte.

Um das zu tun, haben Sie zwei Möglichkeiten. Einmal können Sie bei den Telefoneinstellungen nach dem entsprechenden Menüpunkt suchen. Der ist meist gut versteckt, daher sollten Sie sich ein paar Minuten Zeit nehmen.

Schneller, weil einfacher zu finden, ist die zweite Vorgehensweise. Schalten Sie kurz vor der Rückgabe im Navigationsgerät bei den Routenoptionen die Wahlmöglichkeit »*Autobahnen meiden*« auf »*Ja*«. Das hat zwar nichts mit dem Telefon zu tun, löscht auch keine Daten, aber der nächste Fahrer schaut sich Ihre Datenreste bestimmt nicht an. Der versucht nur krampfhaft, pünktlich zu seinem Termin zu kommen.

11.7   Eintritt frei

Warum man Systeme gegen Schnorrer schützen sollte

Wer First Class fliegt, der darf auch in die entsprechende Lounge. Die gibt es an nahezu jedem größeren Flughafen. Hier wird der Gast hofiert und in edlem Ambiente mit Speis und Trank versorgt. Hat der Reisende kurz vor dem Interkontinentalflug auch noch einen Geschäftstermin, darf der Gast auch mit hinein.

Menschen, die sich solch teure Tickets leisten, haben meist auch einen vollen Terminkalender. Da kann sich auch schon mal kurzfristig etwas ändern, weshalb man einen solchen Flugschein auch kostenfrei stornieren kann.

Diese zwei Annehmlichkeiten, nennen wir sie Service am Kunden, bieten Potential für eine ganz fiese Masche. Buchen Sie einen Flug in der First Class über den Teich, laden Sie einen Geschäftspartner zum Gespräch in die Lounge, genießen Sie gutes Essen, guten Wein und angenehmen Gespräche. Nach dem Termin geben Sie Ihr Ticket wieder zurück und lassen es sich erstatten – zu 100%.

Die deutsche Fluglinie mit dem gelb-blauen Logo hat an solche Schnorrer gedacht, und für so etwas ein Frühwarnsystem installiert. Auch wenn Sie einmal damit durchkommen sollten, spätestens beim zweiten Versuch wird Ihnen – zu Recht – der Zugang verwehrt. Äußerst peinlich. Dann doch besser gleich zum Burgerbrater um die Ecke. Den gibt es auch an fast jedem Flughafen. Eintritt frei.

12 Telefon, Handy & Co.

12.1 Telefonbuch online

▨ Wie man per Bluetooth an das gespeicherte Telefonbuch eines Handys kommt

Auf Platz 10 der Hitliste, was die Deutschen bei Google suchen steht der Begriff »Telefonbuch«, geschlagen nur von wichtigeren Suchwörtern wie »Wetter«, »Video« und »Paris Hilton« [32].

Früher waren Telefonbücher noch aus Papier. Jugendliche verbrannten sie in Telefonhäuschen und Großstädte hatten sogar mehrere Bände: A-K und L-Z. Man schleppte sie Jahr für Jahr von der Post nach Hause und wer eine neue Nummer bekam, musste bis zu einem Jahr warten, bevor man ihn dort finden konnte. Heute unvorstellbar.

Moderne Telefonbücher sind online abrufbar und immer aktuell. Sei es im Internet oder durch unsere eigene Pflege elektronisch gespeichert auf dem Handy, dem Blackberry oder dem iPhone.

Will man mit der Tastatur eines normalen Handys den Namen Tobias Schrödel und die Nummer 089 12 34 56 78 speichern, muss man sage und schreibe 58 Tasten drücken. Ein Aufwand ist das und dann holt man sich ja so gerne und möglichst oft ein neues Handy. Leider sind die aber (fast) alle inkompatibel und man muss alle gespeicherten Namen und Nummern händisch immer wieder eintragen. Wie beim guten alten Telefonbuch kann sich das schon mal Wochen hinziehen. Einziger Vorteil daran: Man mistet gnadenlos aus. Wer in den letzten Wochen nicht kontaktiert wurde, wird den Weg in das neue Gerät nicht mehr finden.

Praktisch wäre es doch, wenn man das komplette Telefonbuch aus dem alten Handy auslesen und direkt im neuen Gerät speichern könnte – und zwar **von** jedem **in** jedes Gerät.

---

[32] Welt Kompakt vom Donnerstag, 11.12.2008, Seite 1.

Das geht! Zwar nicht von wirklich jedem Gerät, aber bei immerhin neun Modellen ist es mir sogar möglich, ein **fremdes** Telefonbuch auszulesen. Bei diesen Modellen gibt es nämlich einen Fehler im Bluetooth Stack. Das bedeutet schlicht, dass der Programmierer, der das Menü mit Telefonbuch, SMS Editor, Währungsrechner und Wecker in das Handy programmiert hat, einen Fehler gemacht hat. Es gibt einen Bug, der bei der Qualitätssicherung des Herstellers übersehen wurde.

In Zeiten, in denen Hersteller immer schneller mit neuen Modellen auf den Markt müssen, kommt das – zwangsläufig – leider immer häufiger vor. Die Geräte müssen zu einem Termin fertig sein, den eine Marketingabteilung festgelegt hat. Unabhängig davon, ob sie ausreichend getestet und damit qualitätsgesichert sind.

Ein Bananenprodukt also: Reift beim Kunden. Ausnahmen sind selten, aber umso vorbildlicher. Die deutsche Firma AVM zum Beispiel hat ihre berühmte FritzBox in der VDSL-Variante trotz Ankündigung mehr als ein halbes Jahr später auf den Markt gebracht, weil sie einfach nicht reif war. Dass sich das lohnt, sehe ich an mehreren Kollegen, die zwar genervt waren, jedoch tapfer die Auslieferung abwarteten und nicht auf einen anderen Hersteller auswichen.

Bei neun Handy-Modellen von Nokia und SonyEricsson lief das leider anders. Zwar muss der Handybesitzer den Aufbau einer Bluetooth Verbindung mit einem dieser Geräte bestätigen, jedoch nur, wenn alles den geplanten Weg geht.

Bei Bluetooth nutzen Handys verschiedene Kanäle. Es gibt zusätzliche Service-Kanäle auf denen das Handy zum Beispiel mit einem angeschlossenen Headset die Parameter der Übertragung austauscht. Hier meldet das Telefon dem Headset, dass es klingelt oder das Headset teilt dem Handy mit, dass bei ihm der Knopf zum Auflegen gedrückt wurde und es doch bitte den Anruf beenden möge.

Normalerweise authentifiziert sich das externe Gerät auch auf diesen Kanälen mit einer PIN beim Handy – normalerweise. Hat der Software-Entwickler diesen Schritt vergessen, akzeptiert das Handy jede eingehende Verbindung auf den Service Kanälen ohne Abfrage einer PIN und ohne es dem Handynutzer anzuzeigen.

Um ein anfälliges Gerät zu finden, suche ich nach bluetoothfähigen Geräten in meiner Umgebung und lasse mir dazu MAC Adresse und Name des Gerätes anzeigen. Die MAC Adresse ist eine Art Seriennummer, die das Handy eindeutig identifiziert. Der Name wird vom Hersteller meist mit dem Modellnamen vorbelegt, kann aber vom Besitzer jederzeit geändert werden. Der Phantasie sind dabei keine Grenzen gesetzt. Oftmals finde ich hier den vollständigen Namen der Besitzer, habe aber auch schon »Porno-Ralle » (Uni Heidelberg 2009), »Terror Mietze » und den »Undertaker » (Hotel Berlin 2010) entdeckt.

Abbildung 12-1: Bei einem Vortrag in Berlin gefundene Bluetooth Geräte
»Terror Mietze« und »Undertaker«

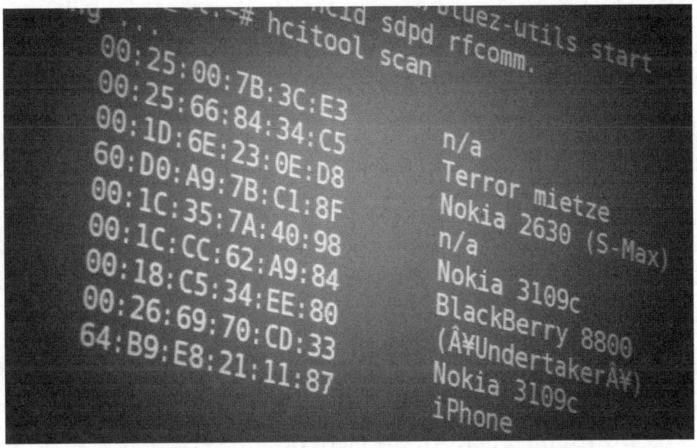

Wichtig ist aber erst einmal die MAC Adresse. Sie besteht aus sechs hexadezimalen Zahlen, von denen die ersten drei Werte den Hersteller identifizieren. Sollten Sie einmal einer MAC Adresse begegnen, die mit 00:40:BE beginnt, dann ziehen Sie besser schnell den Kopf ein. Da fliegt nämlich gerade etwas von *Boeing Defense and Space Industries* um Sie herum. Eine vollständige Liste aller Hersteller und MAC Adressen finden Sie im Internet, ebenso eine Aufstellung der angreifbaren Handys.

»Terror mietze« hat 00:25:66, demnach ein Handy von Samsung, der »Undertaker« mit 00:18:C5 eines von Nokia. So kann ich schon mal recht gut vorselektieren, bei welchen Geräten ein möglicher Angriff auf das Telefonbuch überhaupt Sinn kann.

Ist ein verwundbares Handy erst einmal aufgespürt, dauert es keine fünf Sekunden und eine Verbindung über den Service Kanal ist aufgebaut. Der Besitzer merkt davon erst einmal gar nichts. Sein mobiles Telefon blinkt nicht, es summt nicht und es vibriert auch nicht. Da nahezu alle Funktionen eines Handys nicht ausschließlich über das Menü per Tastatur, sondern auch über Steuerbefehle (Hayes AT-Befehle) aufgerufen werden können, steht uns nichts mehr im Wege, das Gerät zu erkunden.

Es ist mir nun möglich alle gespeicherten SMS zu lesen, zu löschen oder zu verändern. Natürlich kann ich auch eine SMS von diesem Gerät verschicken. »Dummkopf« an die 110 wäre mal eine Idee oder per SMS mit der Freundin des Handy-Besitzers Schluss machen. Was Boris Becker kann, kann der schon lange, auch wenn er es nicht mitbekommt. Leugnen hat übrigens gar keinen Sinn, weil die Nachricht ja unter »*Gesendete Objekte*« gespeichert wurde und bei SMS, im Gegensatz zu Anrufen, der Absender nicht verfälscht[33] oder unterdrückt werden kann.

Das Telefonbuch ist natürlich ebenso schnell angezeigt, was mir auch schon mal die Möglichkeit für nen Fuffi nebenbei und eine ganze Menge Schabernack eröffnet. Können Sie nämlich herausfinden, wem das Handy aus Abbildung 12-2 gehört, könnten Sie dem Besitzer ja mal anbieten »Susi zu Hause« die Nummer von »Mausi« in Hamburg zu stecken. Da sind sogar ohne große Diskussion 70€ drin. Wetten?

Das Demogerät, welches ich bei Vorträgen einsetze, habe ich übrigens von meinem Kollegen Christoph. Eigentlich sammelt er alles und gibt auch nichts wieder her. Es war daher nicht überraschend, dass er es mir nicht geben wollte, weil er es ja irgendwann für Kind oder Kegel gebrauchen könnte.

Es blieb mir also nicht anderes übrig, als mir sein Telefonbuch nicht nur anzusehen, sondern auf meinen Laptop herunter zu laden.

Mit einem kleinen Skript habe ich alle Namen und Rufnummern seines Telefonbuches zufällig durchmischen lassen und wieder zurück aufs Gerät gespielt. Jeder Anruf ging prompt irgendwie schief. Wen auch immer Christoph anrief, es hob jemand ab, den er zwar auch kannte, aber gar nicht angerufen hat.

Ich habe das drei Tage durchgezogen, dann kam er, gab mir das Handy und sagte: »*Hier, kannste haben, ist aber kaputt*«.

---

33 Siehe: »Deine ist meine«

Abbildung 12-2: Das Telefonbuch eines fremden Handys

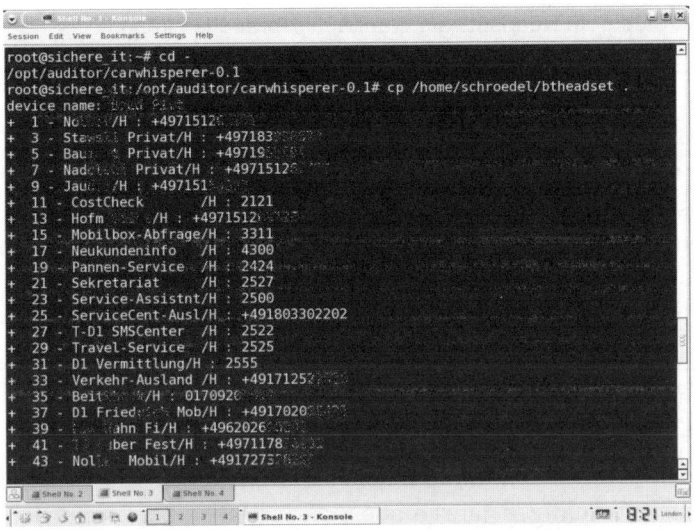

12.2 Ungeziefer am Körper

▣ Wie man Bluetooth Headsets als Wanze missbrauchen kann

Fahrzeuge scheiden Schadstoffe aus, das ist kein Geheimnis. Heute reden alle über CO_2, aber das war früher ganz anders. Als vor über hundert Jahren noch Pferdekutschen durch die Straßen fuhren, war das, was die zwei PS hinten raus fallen ließen, ein störendes Nebenprodukt der Fortbewegung. Neben dem Gestank kam gerade bei feuchtem Wetter noch dazu, dass die Räder den ganzen Mist auch hoch schleuderten und umstehende Passanten einsaute. Probleme löst man, also erfand ein schlaues Köpfchen den Kotflügel, der auch heute noch so heißt, auch wenn auf den heutigen Straßen keine Pferdeäpfel mehr liegen.

Aber wie wir Menschen so sind: Ist ein Problem gelöst, machen wir uns selbst das Nächste. Vor einigen Jahren stieg die Unfallstatistik und der Bösewicht war schnell ausgemacht: das Handy. Eine Hand am Ohr, die andere am Schaltknüppel und dann noch die Kippe anzünden – klar, dass dies für Fußgänger oder Rotbremser zum Problem werden würde. Kurzerhand kam das Handyverbot am Steuer und die Erfindung der Freisprechanlage kam erst so richtig in Fahrt. Neben dem Festeinbau im Fahrzeug gibt es auch so praktische Ohrstöpsel, die am Ohrwaschel eingeklemmt pure Redefreiheit verschaffen. Den Knopf im Ohr, blau blinkend, glaube ich manches Mal Mr.Spock neben mir im Auto zu erkennen.

Der Aufbau der Bluetooth-Verbindung zwischen Headset und Handy ist technisch gesehen exzellent implementiert. Gemäß Spezifikation wird der Audiokanal von Kopf bis Handy mit einer PIN verschlüsselt und glaubt man den grauen Ecken im Internet, so ist diese Verbindung sehr gut verschlüsselt. Sie ist bei korrekter Implementierung – nach heutiger Erkenntnis – nicht zu knacken.

Einziges Problem bei Headsets, ist die Tatsache, dass es meist nur drei Knöpfe gibt. Einen zum Abheben und zwei für die Lautstärke – hoch und runter. Bis heute ist mir kein Headset bekannt, das eine Zifferntastatur hat, ähnlich wie ein Telefon: von Null bis Neun. Das ist ein Problem, denn die PIN zum Verschlüsseln können Sie gar nicht eingeben, es fehlen schlicht die Tasten dazu.

Abbildung 12-3: Ein Bluetooth Headset mit Standard PIN

Aus diesem Grund ist der Hersteller so freundlich und gibt dem Headset eine Standard-PIN. Diese druckt er sogar im Handbuch ab. In aller Regel: 0000, manchmal auch 1234 – da hat sich der Hersteller dann richtig was einfallen lassen. Nun, theoretisch können Sie die PIN auch ändern. Mit den drei vorhandenen Tasten hangeln Sie sich blind durch das System und hoffen, dass alles glatt geht. Nach dutzenden Tastendrücken müssen sie beten, keinen Fehler gemacht zu haben, denn schließlich kann das Headset außer einem Piepsen keine Bestätigung oder Fehlermeldung abgeben. Ist der Akku dann mal leer, findet sich der Freisprech-Knopf auch wieder in der Werkseinstellung. Kurzum: Das machen Sie ein Mal und nie wieder – wenn überhaupt.

Bei der Suche nach Bluetooth-Geräten[34] ist für Hacker daher neben der MAC-Adresse auch der Gerätetyp von Interesse. Liefert ein Scan den Wert 0x200, dann ist klar: dies ist ein Headset. Die ersten Bytes der MAC Adresse liefern den Hersteller und schon lässt sich auf russischen Webseiten die PIN für dieses Headset erfragen. So erhält ein Hacker die PIN für jedes Headset dieser Erde.

---

[34] Siehe: »Telefonbuch Online«

Nun geht es ganz schnell. Nach dem Pairing mit dem Gerät, lässt sich der Freisprechanlage ein AT+RING Befehl senden. Ein Klingelsignal und das Headset glaubt: *Huch, es klingelt.* Also Mikrofon an und senden. Den nun folgenden Audio-Datenstrom kann man aufzeichnen oder direkt anhören. Allerdings, und das ist der Nachteil an der Sache, muss der Angreifer permanent im relativ kleinen Radius von gut 15 Metern um das Headset sein. Das geht bei Meetings aber wunderbar. Der mit Rigips abgetrennte Nebenraum reicht völlig aus, um Vertragsverhandlungen oder Betriebsratssitzungen zu verfolgen.

Natürlich können Sie auch Ihr eigenes Headset anzapfen. Das ist überaus nützlich, wenn am Abend DFB-Pokal im Fernsehen läuft und Ihr Vertragspartner will und will einfach nicht unterschreiben. Da wird gefeilscht, was das Zeugs hält und Sie haben Angst, dass Sie den Anpfiff verpassen. Kein Problem. Gehen Sie kurz zum Händewaschen! Verlassen Sie den Raum. Was macht Ihr Geschäftspartner, wenn Sie draußen sind? Er stimmt sich ab, er wird klären, wie die weitere Verhandlungsstrategie ist, wo er hart bleiben und wo er nachgeben wird. Sie stehen derweil am Waschbecken und hören alles mit. Zehn Minuten später ist die Tinte trocken, sie kommen pünktlich nach Hause, alles kein Problem.

Zum Glück ist ein Headset nicht verwundbar, wenn damit gerade telefoniert wird. Der Kanal ist besetzt, die Verbindung verschlüsselt, da geht nichts. In der übrigen Zeit jedoch, da sind wir verwundbar. Die Financial Times Deutschland forderte deshalb sogar dazu auf, den Bundestrojaner zu vergessen, »*die Spione stecken schon in Euren Taschen*« [35].

Aber vielleicht noch eine Kleinigkeit für Ihr Geschäftsleben. Bluetooth Headsets arbeiten bidirektional. Das heiß, man kann nicht nur mithören, man kann auch zurück sprechen. Das macht bei einem Headset in der Sakkotasche keinen Sinn, aber Autos haben heutzutage nicht nur Kotflügel, sondern auch Kopfstützen. Und in diese (oder im Radio) sind ganz gerne auch mal derartige Headsets eingebaut.

Legt man sein Handy auf die Mittelkonsole, verbindet sich das Telefon mit dem Auto und beschützt Sie so vor Knöllchen. Neue Fahrzeuge verlangen eine persönliche PIN, ein paar ältere Fahrzeuge und viele mobile Navigationsgeräte mit integrierter Bluetooth-Freisprechanlage arbeiten aber nach dem

---

[35] Financial Times Deutschland, 09.12.2008, Autor: David Böcking

Headset-Prinzip. Damit ist die PIN bekannt und in solche Fahrzeuge kann man nicht nur reinhören, sondern auch rein sprechen.

Vielleicht kennen Sie das, Sie müssen zum Kunden und sind spät dran. Auto auf, Koffer rein und Rampe hoch. Fast die Oma auf dem Bürgersteig erwischt – noch mal Glück gehabt. Jetzt rauf auf die Autobahn, gleich mal rüber auf die linke Spur und Vollgas. Und da ist er wieder – der Schnarchzapfen auf der Überholspur. Der, der mit 210 $^{km}/_h$ rumschleicht und nicht rüber fährt. Sie hängen hinten drauf, das Fernlicht aufblinkend, dass fast die Birne durchbrennt. Der Blutdruck steigt und Sie schreien hysterisch: »Fahr weg! Ich muss zum Kunden!«

Bleiben Sie ruhig! Nehmen Sie den Laptop nach vorne, loggen sich kurz ein und dann sprechen Sie dem Vordermann doch mal einfach mal etwas ins Fahrzeug. Verstellen Sie die Stimme und sagen zum Beispiel: »*In 50 Metern scharf rechts abbiegen.*« Die Spur ist frei, Sie kommen pünktlich zum Kunden, alles kein Problem. Bluetooth sei Dank.

12.3   Pakete ohne Zoll

▓ Was man bei Voice-over-IP beachten sollte

Menschen reisen heute um den halben Erdball. Dank Internet sind Discount-Flugpreise heute von Jedermann selbst zu finden. Dafür gibt es Webseiten, die einem die jeweils günstigste Fluggesellschaft heraussuchen.

Derartige Portale gibt es natürlich auch für andere Waren. Ob Flüge, Versicherungen oder auch für Telefonanbieter, die den günstigsten Tarif zwischen 14:00 und 16:00 Uhr von Castrop-Rauxel nach Ost-Timor anbieten. Das alles lässt sich heute bequem und schnell herausfinden. Ob man aber eine qualitativ hochwertige Telefonverbindung bekommt, oder über günstige und oftmals minderwertige Internetverbindungen per Voice over IP telefoniert, das wird von manchen Portalen verschwiegen. Schließlich gibt es ja Provisionen für vermittelte Klicks auf die Webseite des Anbieters.

Voice over IP, kurz VoIP genannt, ist das Telefonieren über das Internet. Dienste wie Skype nutzen das und Dank Headset und Mikrofon kann heute jeder kostengünstig um den halben Erdball quatschen. Natürlich gibt es mittlerweile auch Geräte, die wie echte Tischtelefone aussehen und sich direkt an den DSL Router anschließen lassen.

VoIP nutzt ein bestimmtes Format, um die Sprache in kleine Datenpakete zu stückeln und sie wie eine E-Mail, zoll- und portofrei, über das Internet direkt an den Empfänger zu senden.

Wichtig hierbei ist, dass alle Pakete möglichst schnell ankommen, da sonst das gesprochene Wort abgehakt klingt oder Wortteile fehlen. Ein Zähler sorgt dafür, dass das angerufene VoIP-Telefon die Datenpakete in die richtige Reihenfolge bringt. Ansonsten würde jedes Gespräch zwangsläufig ungarisch oder malayisch klingen.

Außer den technisch einfachen Aspekten bietet VoIP dem Anwender Fluch und Segen gleichermaßen. Neben günstigen Telefonaten um den Globus ist der Urlaubsreisende dank Laptop sogar auf Bali unter der gewohnten Rufnummer erreichbar. Ob Fluch oder Segen möge hierbei jeder für sich entscheiden.

Eindeutig Fluch ist das Problem der »Röchel-Anrufe«. Hier geht es keinesfalls um sexuell motiviertes Ausatmen in den Hörer, nein, vielmehr sind die Anrufe gemeint, die beim Notruf eingehen und bei denen der Anrufer nicht mehr mitteilen kann, dass er Atemnot und ein Stechen in der Brust verspürt, sondern lediglich ein »Ähhhh« oder »Ächz« hauchen kann.

Die Rettungsleitzentrale konnte den Röchler früher eindeutig anhand der angezeigten Rufnummer identifizieren und den Notarzt schicken. Wer heute seine Nummer mitnimmt, dem kann es passieren, dass kein Notarzt in das Urlaubsdomizil zum Patienten kommt, die Feuerwehr dafür zu Hause die Türe der leeren Wohnung aufbricht. Dem Patienten wird's egal sein, sollen sich doch die Erben darum kümmern.

12.4   Deine ist meine

▓ Wie man mit VoIP fremde Rufnummern zum Telefonieren verwenden kann

---

Telefonieren ist nicht so einfach. Schon Karl Valentin hat mit seinem Buchbinder Wanninger die Unverbindlichkeit eines Ferngesprächs komödiantisch verarbeitet. Heute spricht man mit Computern. »Sagen Sie Eins, wenn Sie Bananen kaufen möchten«. So hat 50 Jahre nach Karl Valentin eine Firma, die farbigen Strom verkauft, für ihre CallCenter geworben, in denen man tatsächlich noch mit (echten) Menschen spricht. Anscheinend etwas, mit dem man Kunden anlockt.

Wenn ich mich bei machen Hotlines durch diverse Menüs gesprochen oder gedrückt habe, wächst nicht selten die Angst, dass ich plötzlich zu mir selbst durchgestellt werde. Ein Horror-Szenario, wenn bereits drei Minuten auf der 0900-Rufnummer ticken.

Zu Buchbinder Wanningers Zeiten konnte man wenigstens davon ausgehen, dass der der anruft, auch der ist, der er vorgibt zu sein. Zumindest der Anschluss musste stimmen. Als in den 80er-Jahren so genannte Dienstmerkmale wie CLIP oder CLIR aufkamen, konnten die modernen Telefonapparate auf ihrem Display die Rufnummer des Anrufers erstmals anzeigen. Man wusste also, wer einen anruft und konnte bei der Schwiegermutter getrost den neuen Anrufbeantworter testen.

Heute ist das alltäglich. Jedes Handy, sei es noch so klein, hat ein Display und zeigt die anrufende Nummer an. Ist sie zusätzlich im persönlichen Telefonbuch gespeichert, wird sogar der passende Name angezeigt.

Geändert hat sich jedoch eines. Die angezeigte Nummer oder der daraus resultierende Name aus dem Telefonbuch muss nicht mehr zwangsläufig stimmen. Was CallCenter schon seit langem können, kann – dank Voice over IP – heute jeder: Sich seine persönliche Absenderrufnummer aussuchen.

VoIP Nutzer werden von manchen Anbietern in die Lage gebracht wird, ihre eigene Absenderrufnummer zu konfigurieren. Die beim Angerufenen angezeigte Nummer kann frei gewählt werden. Jede *beliebige* Festnetz- oder Handynummer lässt sich bequem per Webfrontend eintragen – wer will, kann sie sogar vor jedem Anruf ändern.

Dass man die Nummer eintragen kann, macht Sinn. Schließlich will man ja auch zu erkennen geben, wer man ist und von Fall zu Fall ja auch unter der bekannten Festnetz-Nummer identifiziert oder zurückgerufen werden – unabhängig davon, ob man per ISDN oder VoIP anruft. Nicht ganz so sinnig erscheint es, dass es jede *beliebige* Nummer sein kann, die man sich aussuchen darf. Sie muss nicht einmal mir gehören und kann die des Nachbarn oder eines Fremden sein.

Mag die freie Wahl beim Hauptgewinn an der Losbude ja gewollt sein, VoIP Anbieter machen das nicht ganz freiwillig. Wie sollten sie auch prüfen, ob die eingetragene Nummer wirklich mir gehört? Sie müssten Zugriff auf die Verzeichnisse jedes Telefonanbieters haben. Ein Datenschutzproblem in Deutschland, eine Unmöglichkeit für ausländische Anbieter.

Abbildung 12-4: Eine gefälschte Rufnummer ruft an

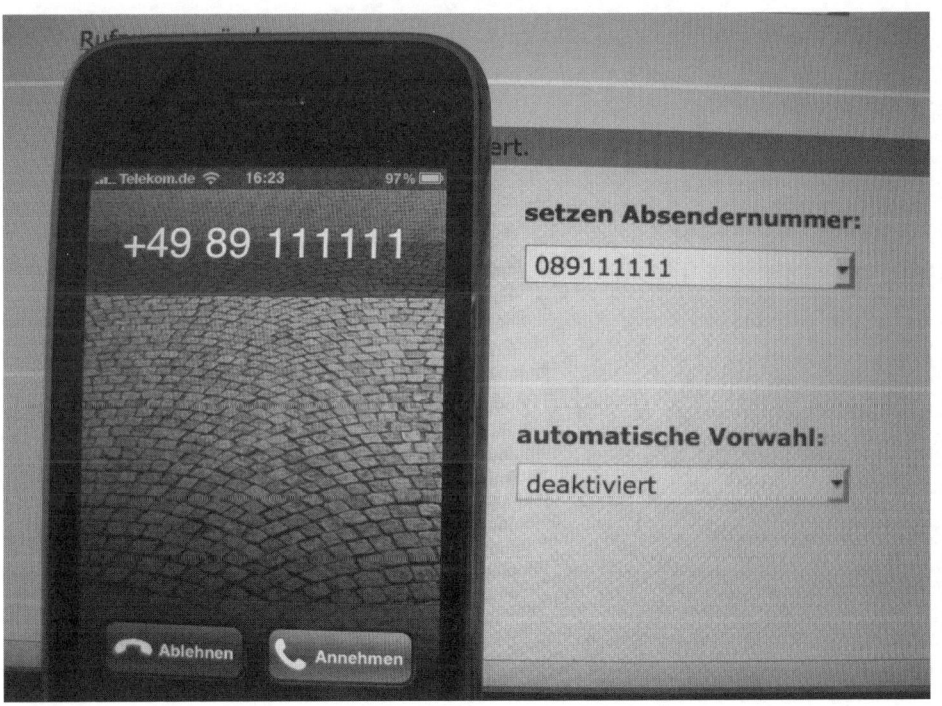

Neben dem Missbrauch dieser Funktion beim Diebstahl von Betriebsgeheimnissen[36] kann sie auch privat ganz praktischen Nutzen haben. Nehmen wir einmal an, Sie sind verheiratet. Nehmen wir weiterhin an, Ihr Ehepartner geht fremd. Schlimmer noch, das Liebesspiel findet mit Ihrem besten Freund (oder Freundin) statt und Sie ahnen etwas davon.

Rufen Sie Ihren Ehepartner doch einfach mal an. Tragen Sie als Absenderrufnummer die Handynummer des Techtelmechtels ein und warten dann, wie Ihr Ehepartner das Gespräch entgegen nimmt. Kommt ein »Hallo Schatz!«, wird es Zeit anwaltlichen Rat zu suchen und sich schon mal um eine eigene Wohnung zu kümmern. Fluch oder Segen – auch in diesem Fall ist es Ihre ganz persönliche Sicht.

---

[36] Siehe: »Fach-Chinesisch für Frau Schneider«

12.5 0180-GUENSTIG

■ Wie man bei kostenpflichtigen Servicenummern zum Nulltarif anruft

Viele Firmen bieten heutzutage Servicenummern an. Sie bündeln das Groß der Anrufer in einem CallCenter. Dort wird dem Kunden geholfen, schließlich sind die Mitarbeiter darauf trainiert, mit Anfragen aller Art umzugehen.

Vor ein paar Jahren hatten 0180er-Nummern aber noch einen anderen Sinn. Sie sollten dem Kunden Kosten sparen. Wer von München in einem CallCenter in Bremen anrief, zahlte genauso viel, wie jemand, der direkt neben dem CallCenter wohnt.

Heute ist das anders. Flatrates gehören fast schon zum Standard und da spielt es keine Rolle, ob man aus dem Süden anruft oder aus der gleichen Stadt. Ausgenommen sind bei Flatrates jedoch die Servicenummern. Sie werden separat berechnet und erscheinen als zusätzlicher Kostenpunkt auf der Telefonrechnung. Was früher Kosten sparen sollte, kostet heute also mehr.

Nun steckt hinter jeder Servicenummer in Wirklichkeit eine echte Rufnummer, mit Ortsvorwahl und Anschlussnummer – so wie zu Hause auch. Wird die 0180 gewählt, leitet das intelligente Netz der Telefonanbieter den Anruf lediglich auf den richtigen Anschluss – und stellt nebenbei ein paar Cent dafür in Rechnung.

Um derartige Kosten zu sparen, wäre es praktisch, wenn die Anbieter solcher Hotlines auch die direkte Anwahl mitteilen würden. Da sie an den Servicenummern mitverdienen, vermeiden sie das aber tunlichst. Hilfe bieten da Portale[37] im Internet, die zu fast jeder 0180er Nummer auch gleich die passende Direktwahl anzeigen.

So lässt sich herausfinden, dass ein Reiseanbieter seinen Lost & Found Service aus Hannover bedient, während eine Versicherung, die zwar die Stadt Dresden im Namen trägt, seine Kunden aus München und Bad Vilbel betreut.

Keine Information über die Direktwahl erhalten Sie bei 0900er Nummern. Hier sollen Sie ja auch nicht das Gespräch, sondern eine Dienstleistung bezahlen. Als Inhaber einer Deutschland-Flat können Sie 0180er Servicenummern aber ab sofort kostenlos anrufen.

---

37 Googeln Sie nach »0180 Ersatznummern«.

12.6 Umziehen

▨ Warum beim Umzug der Telefonanschluss oftmals nicht mit umzieht

In meinem Leben bin ich bisher sieben Mal umgezogen. Glaubt man dem Volksmund, ist mein Haushalt demnach schon zwei Mal abgebrannt. Vieles geht kaputt, anderes passt nicht mehr in das neue Domizil und manches geht schlichtweg verloren. Man findet es einfach nicht wieder. Ähnlich den verschwundenen Socken in der Waschmaschine ist der Verbleib mancher Gegenstände selbst Monate nach dem Einzug weiterhin ungeklärt.

Weitaus öfter höre ich aber von liegen gebliebenen Telefonanschlüssen. Freunde, Bekannte und auch Fremde sprechen mich an, warum nach dem Umzug der Telefonanschluss nicht geht. Sie erwarten, dass der alte Anschluss mit Schlüsselübergabe abgeschaltet und in der neuen Behausung sekundengenau mit Eintreffen des Möbelwagens aktiviert wird. »Du bist doch bei der Telekom. Kriegt ihr das nicht hin? Es kann doch nicht so schwer sein, ein Kabel links raus- und rechts einzustecken. « Ein oft geäußertes Vorurteil. Würde ich diesen Leuten jetzt Recht geben, lägen wir beide falsch.

Unabhängig vom Telefonanbieter ist ein Umzug eine ziemlich komplexe Sache. Technisch gesehen, gibt es den Auftrag »Umzug eines Telefonanschlusses« bei der Telekom und anderen Providern aber gar nicht. In den Köpfen der Menschen herrscht lediglich immer noch das Bild der Dame vom Amt vor. Sie steckt bei einem Anruf ein Kabel einfach in eine Klinkenbuchse und schon stand die Leitung. Zieht man um, nimmt sie einfach eine andere Buchse – fertig.

Tatsächlich machen Sie mit Ihrem Telefonvertrag aber nichts anderes, als mit Ihrem Mietvertrag. Sie kündigen den einen und schließen einen neuen ab. Dies versuchen Sie zeitlich möglichst ohne Überlappung zu koordinieren. Dann räumen Sie eine Wohnung aus, fahren Ihren Haushalt zur neuen Adresse und räumen alles wieder ein.

Ein Telefonanschluss ist nicht viel anders als eine Wohnung, die Telefonnummer vergleichbar mit Ihren Möbeln. Nach einer Kündigung des Anschlusses kommt ein »Möbelpacker« und packt Ihre Telefonnummer ein. Diese wird bildlich gesprochen in einen Transporter geladen und zur neuen Adresse gefahren. In dieser Zeit sind Sie nicht mehr erreichbar. Genauso wenig könnten Sie die Schublade einer Kommode öffnen, um etwas herauszunehmen, sie steht ja schon im Laster.

An der neuen Adresse wird nun ein Anschluss geschaltet, vergleichbar mit der Schlüsselübergabe der luxussanierten 4½ Zimmer. Die Wohnung ist aber unbewohnbar, weil die Möbel fehlen. Sobald die Telefonnummer freigegeben und geschaltet wurde, kann sie in den neuen Räumen klingeln. Die Kommode muss auch erst ankommen und in den dritten Stock geschleppt werden.

Ein Umzug sind demnach eigentlich zwei Aufträge. Eine Kündigung und ein Neuanschluss. Die Schwierigkeit liegt in der zeitlichen Koordination, gerade wenn die Aufträge in unterschiedlichen Abteilungen, von verschiedenen Personen und schlimmstenfalls von unterschiedlichen Standorten aus bearbeitet werden.

Zug um Zug werden die Umzüge aber besser. Alle Telefonanbieter haben in den letzten Jahren an den Bearbeitungszyklen und der Vernetzung gearbeitet, auf Neudeutsch die »Workflows synchronisiert«. Meistens klappt es ja jetzt auch recht zeitnah mit dem Telefon. Allerdings sollten Sie es vermeiden, zum Umzug noch weitere Änderungen an Ihrem Telefonanschluss vorzunehmen. Wer zusätzliche Dienstmerkmale möchte oder weitere Rufnummern braucht, weil die Tochter jetzt ihr eigenes Zimmer hat, der sollte warten, bis der Umzug geklappt hat und das Telefon am neuen Standort genau so funktioniert, wie vorher am Alten.

Was nicht auf dem Umzugsformular des Telefonanbieters zum Ankreuzen dabei ist, wird von den Workflow-Systemen auch nicht standardmäßig abgedeckt. Läuft dann etwas schief, kann es länger dauern. Etwa so, wie wenn der Möbeltransporter nicht nach Paris mit Eiffelturm, sondern nach Paris, Texas, USA gefahren ist. Bis der wieder da ist, wird es dauern. Zeit genug, das neue Schlafzimmer einzuweihen. Kann ja keiner stören.

12.7 Nach Hause telefonieren

▓ Warum ein Handy klingeln kann – egal wo es sich auf der Welt befindet

Einer der größten Kinohits aller Zeiten war einmal »E.T. – der Außerirdische«. Die Effekte waren für damalige Zeiten irre. Da flog ein Fahrrad mit einem Jungen am Mond vorbei. Wer heute Avatar kennt, der bekommt da nicht mal mehr ein müdes Lächeln auf die Lippen. Tja, so ändern sich die Zeiten.

E.T. hatte für damalige Zeiten jedoch nicht nur tolle Special Effects, auch die gezeigte Technik entsprach weitgehend dem, was wir heute – rund 30 Jahre später – tatsächlich einsetzen. Ein tragbares Telefon, mit dem man nach Hause telefonieren konnte! Das erste Handy!

Zugegeben, es sah noch etwas klobig aus, so mit dem Grammophontrichter, aber es reichte aus, um damit einen Notruf bis zu einem weit entfernten Planeten zu senden. Die Roaming-Kosten müssen schier unbezahlbar gewesen sein, Flatrates für intergalaktische Ferngespräche in fremde Netze gab es noch nicht.

Heute gibt es weit über 80 Millionen verkaufte Handys in Deutschland. Rein rechnerisch hat also jeder mehr als eines davon zu Hause, auch wenn sicherlich nicht mehr alle in Gebrauch sind. Man bekommt ja schließlich auch alle zwei Jahre ein neues Gerät vom Provider, damit man ihm treu bleibt.

Das Handy ist mittlerweile zu einem treuen Begleiter geworden, auch wenn die wenigsten wissen, wie die Technik dahinter funktioniert oder wie lange es Handys schon gibt. Irgendwie gibt es rein gefühlsmäßig keine Zeit davor. Oder wissen Sie noch, dass Sie am Tag des Mauerfalls noch gar kein Handy hatten? Es gab nämlich noch keine – das einzige, was 1989 verfügbar war, waren koffergroße Auto-Telefone, die ein halbes Jahresgehalt kosteten.

Was ich schlimm finde, ist, dass ich die Dinger oft eben nicht finde - weil sie immer kleiner werden. Ist etwas klein, verliere ich es auch leichter. Manchmal suche und suche ich, bin mir sogar sicher, ich habe es auf den Tisch gelegt und sehe es trotzdem nicht, weil die EC-Karte es verdeckt. Dabei ist Handy finden ganz einfach. Man muss es nur anrufen. Da EC-Karten nicht klingeln, ist das tragbare Telefon auch ruck-zuck gefunden.

Nur, woher hat der Provider gewusst, wo mein Telefon ist? Wie schafft er es, dass es sogar im Ausland – auch auf der winzigen philippinischen Insel Cabilao – klingelt, wenn einer anruft?

Die Antwort heißt kurz und knackig: HLR. Das ist die Abkürzung für Home Location Register und das ist eigentlich nichts anderes als eine große und schnelle Datenbank. Die hat jeder Provider und wenn sich Ihr Handy an einem Funkmast einloggt, dann informiert der Mast das HLR und teilt mit, das Handy XY ist bei mir aktiv – und zwar in Slot 7.

Obwohl, ganz richtig ist das nicht, denn eigentlich wird nicht das Handy angemeldet, sondern die SIM-Karte. Der Provider weiß also, das zum Beispiel Ihre SIM mit der Kartennummer 1234567890 zur Zeit an einem bestimmten Funkmast in Rosenheim oder Kiel aktiv in Slot 7 angemeldet ist.

Wählt nun jemand Ihre Nummer, schaut der Provider erst einmal nach, welche SIM-Kartenummern – sie könnten ja mehrere Karten für die gleiche Nummer haben – sich hinter der Rufnummer verbergen. Der nächste Blick geht ins HLR. Dort wird nachgesehen, wo diese SIMs gerade angemeldet sind und schwupps, schon wird dem Funkmast mitgeteilt, er möge doch bitte auf Slot 7 einen Anruf signalisieren. Geht alles gut, klingelt es bei Ihnen.

Etwas komplexer wird die Sache, wenn Sie im Ausland sind. Hier schreibt der lokale Netzbetreiber zwar auch in sein HLR, wo Sie sind, zusätzlich informiert er jedoch auch Ihren Provider zu Hause, dass Sie sich gerade in einem Fremdnetz aufhalten. Klingelt das Handy im Ausland, geht es im Prinzip ähnlich zu, wie im Inland, nur dass die Bitte zu klingeln erst mal zum ausländischen Provider weitergeleitet wurde und dieser sein HLR bemüht hat, um Sie aufzuspüren.

Da ein Anrufer aber nicht wissen kann, ob Sie gerade im Ausland sind, kann man ihn auch nur ein Inlandsgespräch zahlen lassen und Sie selbst zahlen den Auslandsteil. Deswegen kann es ziemlich teuer werden, wenn Sie im Ausland auf dem Handy angerufen werden.

Noch teurer wird es, wenn Sie am Traumstrand in der Karibik liegen und der Chef ruft an, während Sie gerade keine Lust auf Frust haben und deshalb den roten Knopf drücken (oder es einfach klingeln lassen). Der Chef landet dadurch auf Ihrer Mobilbox und Sie haben Ruhe. Das Problem dabei ist, dass das ausländische HLR bereits bemüht wurde und ein Ablehnen oder Nicht-Abheben eines Anrufes mit eingeschalteter Mobilbox einer Rufumleitung gleichkommt. Soll heißen, Sie zahlen in so einem Fall nicht nur den Auslandsteil *Chef←→Karibik*, sondern auch noch ein komplettes Gespräch *Karibik ←→Mobilbox* on top. Quatscht der Chef Ihnen jetzt minutenlang alle Details auf Band, weil er selbst nicht einschätzen kann, was davon wirklich wichtig ist, wird es schweineteuer. Innerhalb der EU sind die Auslandskosten zwar geregelt und Sie werden keine tausende von Euros zahlen müssen, in der Schweiz, Amerika oder Asien gibt es allerdings noch keine Kosten-Grenze.

Hier heißt es also, Mobilbox ausschalten oder – noch besser wenn man Urlaub hat – Handy ausschalten. Dann steht man in keinem HLR und die Umleitung zur Mobilbox kostet einen selbst zumindest keinen Cent.

Das HLR ist eine der kritischsten Anwendungen in einem Mobilfunknetz. Fällt die Datenbank aus, kann niemand mehr telefonieren oder angerufen werden. Daher sind solche Datenbanken redundant aufgebaut. Das heißt, sie sind mindestens zweimal vorhanden, wobei beide Server immer auf dem gleichen, aktuellen Stand sind. Gibt es mal einen Defekt an so einem Rechner, übernimmt der Zweite, und man kann den Ersten reparieren, ohne, dass wir mobil telefonierenden Kunden es merken. Ach ja, danke E.T. für das Handy, und gute Reise!

12.8 Dieser Anruf wird zu Schulungszwecken aufgezeichnet

▓ Was mit unserem Anruf im CallCenter passiert

Ruft man in einem CallCenter an, erwarten einen als allererstes ein paar Bandansagen. »Vielen Dank für Ihren Anruf.«, »Sprechen Sie Deutsch, drücken Sie die 1« oder auch »Dieser Anruf wird zu Schulungszwecken aufgezeichnet.«

Was bedeutet das eigentlich, zu »Schulungszwecken«? Ehrlich gesagt, habe ich immer gedacht, dass ein Supervisor mit dem Agenten im CallCenter den ein oder anderen Anruf gemeinsam anhört und mit diesem das Gespräch analysiert. Was hätte man besser ausdrücken können, hätte man früher merken können, was der Anrufer tatsächlich will oder einfach nur für ein »Gut gemacht, der Anruf lief optimal.«

Weit gefehlt. Seit kurzem weiß ich, dass manche CallCenter dabei den Anruf durch ein Spracherkennungssystem jagen. Beide Tonspuren, die des Anrufers und die des Agenten werden dabei nach Schlagworten durchsucht. Sagt der Agent zu oft das Wort »Problem« oder gar »Scheiße«, wird der Vorgesetzte informiert. Es geht einerseits darum, dass der Kunde am anderen Ende des Telefons mit möglichst positiven Wörtern beglückt wird und sich gut betreut fühlt. Andererseits geht es auch darum, die Agenten am Telefon zu überwachen. Nichts anderes ist das.

Denke ich an manches Gespräch mit einem CallCenter, halte ich das auch für angebracht. Der ein oder andere Gesprächspartner schien genervt und war sogar hin und wieder richtig unfreundlich.

Auf der anderen Seite muss ich mir die Frage stellen, ob das nicht vom System so vorgegeben ist. Wer kann auf Dauer mit einer vorgegeben Anzahl an Gesprächen pro Stunde, einer vorgegebenen Maximalgesprächsdauer mir, dem Kunden, wirklich die Zeit widmen, die ich erwarte? Wir müssen uns also die Frage stellen, ob ein CallCenter wirklich das ist, was König Kunde will? Oder das, mit dem unsere Kinder während des Studiums ein Zubrot verdienen oder Männer und Frauen ihre Familien ernähren. Es wird dazu kommen, dass Computer anhand der gewählten positiven und negativen Worte, die verwendet werden ein Profil erstellen. Wer öfter mal »ungünstig«, »das kann ich nicht ändern« oder »das ist ein Problem« anstelle von »Lösung«, »ich werde Ihnen helfen« und »kein Problem« sagt, wird irgendwann automatisch weniger Geld auf seiner Gehaltsabrechnung vorfinden. So weit sind wir noch nicht, aber die Systeme geben das bereits her.

Andererseits kann so ein computergesteuertes System auch mal positive Ergebnisse für mich bringen. Einmal hatte ich eine Störung meines DSL-Anschlusses. Es war Freitagabend, sicherlich die ungünstigste Zeit für eine Störung. Trotzdem erreichte ich jemanden persönlich bei der Störungsstelle. Erst einmal das übliche Prozedere von »Drücken Sie 1 wenn Sie Blutgruppe AB positiv haben. « und schon nach ein paar Minuten in der Warteschleife war Justus Jonas persönlich am Apparat. Problem geschildert und just in diesem Moment, nach 8 Minuten am Telefon ging der rasende Internetzugang wieder. Justus Jonas beteuerte, noch gar nichts gemacht zu haben ... Egal, Hauptsache, das Internet flitzt wieder.

Keine drei Minuten, nachdem wir uns einen schönen Abend gewünscht hatten, war das Problem jedoch wieder da. Nichts ging und das Modem blinkte ohne Pause. Also wieder die Nummer der Störungsstelle gewählt – zum Glück gibt es ja die Wahlwiederholung – und im Geiste schon mal zurecht gelegt, wie man möglichst schnell an den Bandansagen vorbei kommt, nur um einer zweiten Person alles noch einmal zu erklären.

Doch dann kam die Überraschung. Die Computerstimme stellte nur eine Frage: »Rufen Sie wegen dem gleichen Problem an, weswegen Sie schon vor kurzem bei uns angerufen haben, dann sagen Sie bitte Ja.« »Jaaaa.« Das war genau, das was ich wollte. Wenige Sekunden später hatte ich jemanden am Telefon. Zwar war Justus in einem anderen Gespräch, aber seine Kollegin hatte meine Daten samt dem geschilderten Problem schon auf dem Radarschirm. Kurz die Leitung durchgemessen, ein paar Daten meines Modems abgefragt und schon war klar: Irgendetwas stimmte mit der Technik in der Vermittlungsstelle nicht. Leider kann sich erst am Montag jemand darum kümmern. Ganz ehrlich, nachdem ich beim zweiten Anruf nicht mehr fünfmal Ja und dreimal Nein sagen musste, bevor überhaupt die Warteschleifenmusik anfing, war ich deutlich entspannter und hatte – trotz einer leichten Enttäuschung darüber, das Wochenende offline zu sein – kein wirkliches Problem damit und beendete das Gespräch als zufriedener Kunde.

Klar, so positiv geht das nicht immer aus, manchmal kann man nicht anders, als sich zu ärgern. Auch das erkennt das System übrigens. Dafür gibt es *Emotion Detect*, ein Plugin in die Spracherkennung bei CallCentern. Es erkennt

Stimmungsschwankungen des Anrufers. Wandelt sich die Stimmlage von verärgert zu aggressiv, wird das Gespräch sofort aufgezeichnet, und wenn es gar eskaliert, rumgeplärrt wird, dann schaltet sich automatisch der Vorgesetzte mit hinein. Ein Segen für den Agenten, der auch vor Anrufern geschützt werden muss, die nur ihren Frust an jemandem ablassen wollen.

Emotion Detect ist jedoch noch nicht ganz ausgereift. Bei manchen Menschen schlägt das System permanent an, auch, wenn sie nur freundlich nach dem Wetter fragen. Irgendetwas in deren Stimmlage lässt das System andauernd eine aggressive Stimmung erkennen. Ich bin sicher, Sie kennen sofort drei bis vier Menschen in Ihrem Umfeld bei denen Sie das auch raushören, bei jedem Gespräch – auch ohne *Emotion Detect*.

12.9   Wie sag ich's meinem Chef

■ Wie man beim Handy direkt auf der Mailbox landet

»Und Sie trauen sich allen Ernstes mir das einfach so zu sagen? Wenn Sie Ihr Projekt nicht im Griff haben, dann ...« So etwas dürften die meisten von Ihnen schon einmal gehört haben.

Wie schön wäre es da, wenn man den Vorgesetzten zu einer Zeit erwischt, an der er (oder sie) gar nicht erreichbar ist. Am besten dann, wenn das Handy aus oder im Funkloch ist. Nur, wie soll man wissen, wann der richtige Zeitpunkt ist?

Dummerweise sind gerade die unangenehmen Zeitgenossen unter den Vorgesetzten diejenigen, die immer erreichbar sind und das gleiche auch von uns erwarten. Einmal versuchte ich während einer Systemstörung den Projektleiter eines Kunden zu informieren, wie der aktuelle Status ist. Als er abhob raunzte er nur ein »Ich hoffe für Sie, dass es wichtig ist, ich sitze nämlich gerade auf dem Klo.«

Also mal ganz ehrlich: Mich interessiert es überhaupt nicht – und vorstellen mag ich mir das erst recht nicht – wie mein Kunde gerade seinen Darm entleert während ich erkläre, dass die Datenbank immer noch nicht konsistent ist und weiterhin nicht hochfährt. Drücken Sie doch bitte einfach auf den roten Knopf und rufen Sie wenige Minuten später entspannt zurück, wenn Sie gerade da sind, wo ich auch gerne alleine bin.

Mir war zusätzlich jedoch klar, dass der negative Statusbericht in das eh schon nervöse Wesen nur noch mehr Beunruhigung bringt. Eventuell stand mir sogar wieder einer dieser unschönen Wutausbrüche bevor und ich richtete mich auf ein paar laute Worte ein. So kam es auch, der Mann fing an zu schreien, während ich mich fragte, warum dieser Typ Mensch nicht kapiert, dass laut schreien noch niemals eine Datenbank zum Laufen gebracht hat.

Wie schön wäre es gewesen, ich hätte den Anrufbeantworter, die Mobilbox, erreicht und hätte entspannt und ohne Kommentare mein Sprüchlein aufsagen können. Dann Auflegen, Handy ausschalten und in Ruhe um den kaputten Index kümmern. Zu schön, um wahr zu sein?

Keineswegs – wenn Sie möchten, dass Ihr Gesprächspartner gerade im Funkloch steckt, dann können Sie das haben. Alle Mobilfunkanbieter bieten die

Möglichkeit, dass ihre Kunden von jedem Festnetztelefon dieser Welt ihre eigene Mobilbox abhören können. Dazu wählt man eine spezielle Nummer und es kommt sofort das ausgewählte Sprüchlein: »Ich bin im Moment nicht erreichbar. Bitte hinterlassen Sie eine Nachricht nach dem Piepston.« Tippt man vor dem Pieps, die Rautetaste, wird man aufgefordert, seine PIN einzugeben. Stimmt die, darf man die gespeicherten Nachrichten anhören. Genau so, wie wenn Sie selbst von Ihrem Handy die 3311 (Telekom), 333 (O2), 5500 (Vodafone) oder 9911 (E-Plus) wählen – da brauchen Sie nur keine PIN, weil das Handy an seiner eigenen Nummer erkannt wird.

Diese Funktion hat einen ganz entspannenden Nebeneffekt. Hört man sich die Ansage nämlich bis zum Ende an, kommt tatsächlich der Piepston und nach dem kann man auch wirklich eine Nachricht hinterlassen. Natürlich macht das keinen Sinn, wenn man seine eigene Box anruft, aber Sie und ich können auch jede andere Mobilbox direkt anrufen und draufquatschen. Ganz unabhängig davon, ob der angerufene Teilnehmer das Handy an oder aus hat, direkt vor einem Sendemasten steht, tatsächlich keinen Empfang hat oder gar auf dem stillen Örtchen auf ihr Wörtchen wartet. Er wird es nicht mal merken, bis der Provider ihm signalisiert, dass eine neue Nachricht wartet.

Hat ihr cholerischer Kunde (oder Chef) die Handynummer 0171 1234567, dann wählen Sie einfach 0171 XX 1234567. Bei einem T-Mobile Kunden ersetzen Sie das XX einfach durch die 13, bei O2 durch die 33, bei Vodafone durch die 50 und bei E-Plus Kunden durch die 99. Sie landen direkt auf der Mailbox und können eine Nachricht hinterlassen.

Beginnen Sie Ihre Mitteilung am besten mit »Leider konnte ich Sie nicht erreichen ...« und beenden Sie diese mit einem ehrlich klingenden »Unten im Rechenzentrum habe ich nur schlechten Empfang. Ich freue mich trotzdem auf Ihren Rückruf.« Danach sofort das Handy abschalten und in Ruhe die Datenbank wieder zum Laufen bringen. Stören wird Sie dabei niemand. Der Mohr hat seine Schuldigkeit getan, der Mohr kann in Ruhe arbeiten.

13 Der Faktor Mensch

13.1 Sauber machen

▓ Wie man geschützte Objekte betreten und dort Dokumente stehlen kann

---

Ein Freund von mir hat eine Firma und spaziert einfach so mir nicht dir nichts in Gebäude, in die er eigentlich gar nicht darf. Er kopiert dabei die Arbeitsverträge von Vorständen, fotografiert Entlassungspläne oder andere pikante Unterlagen. Klingt unglaublich? Ist es aber nicht. Michael Hochenrieder überprüft die Sicherheit von Zugangskontrollen auf seine Art. Er knackt keine Server und bricht auch nicht in Mailserver ein. Er verwendet den Menschen vor Ort, um an sein Ziel zu kommen.

Eigentlich kein Problem, oder? Da wird der Sohnemann des Geschäftsführers vor der Schule abgepasst, Kapuze über den Kopf, rein in den Lieferwagen und Papi erpressen. Der gibt die Unterlagen dann schon mehr oder minder freiwillig raus. Nun, ganz so brutal geht es nicht zu und hätte ich es nicht selbst erlebt, ich würde ihm nicht jede seiner Geschichten glauben.

Es geht darum, mit legalen Mitteln vorzugehen. Lügen und Verkleiden ist erlaubt, Erpressen nicht. Das Verrückte an der Sache ist, dass er sich dabei gar nicht versteckt oder über unverschlossene Dachluken ins Gebäude steigt. Er geht oft durch den Haupteingang hinein und mit geheimen Unterlagen auch wieder raus. Manche Pförtner wünschen sogar noch einen »Schönen Abend« .

Michael hat vorher eine »Gefängnis frei« Karte bekommen. Die Geschäftsführungen großer Unternehmen, von Versicherungen bis hin zu Lieferanten militärischer Waffensysteme, beauftragen ihn, die Zugangskontrollen und Sicherheitsvorkehrungen zu prüfen. Was mich dabei beunruhigt, ist die Tatsache, dass er bisher nahezu überall hinein gekommen ist.

Manchmal ist das sogar ganz einfach. Ein paar Tage Recherche mit dem Teleobjektiv auf der Kamera und schon ist der Firmenausweis nachgedruckt, eigenes Foto und falscher Name inklusive. Wer kennt bei 2.500 Mitarbeitern am Standort schon jedes Gesicht. Jetzt heißt es mit der vollen S-Bahn im Pulk durch die offene Türe zu rutschen. Gerne genommen sind auch Raucherecken. Die Fluchttüre nach draußen wird mit dem Aschenbecher aufgehalten, damit man auch wieder rein kommt. Ein Pförtner sitzt da nie, denn dort wo der tatsächlich wacht, sind Raucher in Gruppen schon rein optisch eher unerwünscht.

Einmal drinnen, können in Ruhe die Papierkörbe in den Drucker- und Kopierräumen nach interessanten Fehldrucken durchsucht werden. Steht dort einer dieser metallenen Kästen mit schmalem Einwurfschlitz zum sicheren Entsorgen von Dokumenten, wird kurz darauf ein Kollege von Michael diesen im Blaumann durch einen leeren austauschen und die Papiere zur »sicheren Weiterverwertung« mitnehmen. Die richtige Kleidung ist sowieso sehr wichtig. »Wer bei Microsoft Anzug und Krawatte trägt, geht ebenso wenig als Mitarbeiter durch, wie jemand, der in Jeans und Turnschuhen bei einer Versicherung reinkommen möchte. «, so seine Erfahrung.

Manchmal reicht es sogar aus, viel zu früh zu einem erfundenen Termin zu erscheinen und darum zu bitten, in einem freien Besprechungsraum warten zu dürfen. Dort liegen häufig wertvolle Hinweise, wie ein internes Telefonbuch und mit etwas Glück findet man sogar noch die beschriebenen Flipchart-Blätter der letzten Meetings.

Besonderes Interesse weckt aber die in nahezu jedem Meeting-Raum vorhandene Netzwerk-Dose. Hier kann sehr leicht ein kleiner WLAN Router angesteckt werden, so dass man Zugriff auf das Netzwerk bekommt und unverschlüsselten Datenverkehr unbehelligt auf dem Parkplatz mitlesen kann. Jetzt fehlt nur noch eine Zugangskennung, aber auch das sollte kein Problem sein[38].

Lautet der Auftrag, Papiere aus dem Vorstandbüro zu entwenden, kommen andere Methoden zum Einsatz. Der falsche Firmenausweis wird spät am Abend einfach mehrfach vor den Kartenleser gehalten, der die Türe natürlich nicht öffnet. Nun muss laut geflucht werden, damit es auch schön realistisch wirkt. Da kommt dann auch schon mal die freundliche Putzfrau gelaufen und macht auf. Die kennt das Problem: »Meiner geht auch manchmal nicht« hat eine mal gesagt.

Und weil man in Deutschland mit Höflichkeit schon lange nicht mehr weiter kommt, wird die Dame dann sofort angelogen und unter Druck gesetzt. Der Chef sei beim Dinner und hat die Unterlagen vergessen, also soll sie gleich

---

[38] Siehe: »Fach-Chinesisch für Frau Schneider«

auch noch dessen Büro aufsperren. Weigert sie sich, hilft in aller Regel die Drohung, dass sie dann morgen keinen Job mehr hat. Wahrscheinlich wäre das in Wirklichkeit tatsächlich so. Sie steht also vor einem Konflikt, den sie nicht auflösen kann und entscheidet sich für die sofortige Bereinigung des Problems: Sie sperrt auf.

Immer auf die Kleinen, so scheint es. Keineswegs. Seiner Kenntnis nach wurde deswegen noch keine Putzfrau gefeuert, Wachpersonal hingegen schon, sagt Michael. Diese haben nämlich die dienstliche Anweisung, Personen zu überprüfen und Zugang zu verhindern. Die Putzfrau hat höchstens die Anweisung alles schön sauber zu machen und nichts anzufassen. Von Kontrolle des Firmenausweises war nie die Rede. Angeblich hat eine sogar mal ein Geschenk bekommen, weil dem Chef des Rüstungsunternehmens plötzlich klar wurde, dass er seinem Reinigungspersonal etwas mehr als Putzpläne mitgeben musste. Eine Hotline zum Beispiel, die die Reinigungskraft im Zweifel befragen kann, wenn sie sich in einer derartigen Situation nicht richtig zu verhalten weiß.

Würde Michael seine gefundenen Dokumente an die Presse geben, wäre wohl schon so mancher Vorstand von seinen Aufgaben entbunden worden. Als pikantes Beispiel sei der dritte Tagesordnungspunkt der Vorstandsitzung einer großen deutschen Aktiengesellschaft genannt. Gefunden hat er die Agenda im Papierkorb neben dem Drucker. Sie wurde wohl erneut gedruckt, denn im ersten Absatz war ein Tippfehler. Nach »Problematischen Posten auf Aktiva und Passiva« am Vormittag, beschäftigte man sich dort ab 14:30h mit »Bilanzgestaltenden Maßnahmen«.

13.2 Fach-Chinesisch für Frau Schneider

▨ Wie man Laien unter Druck setzt, um an geheime Daten zu gelangen

»Hier Hansen aus der IT Abteilung. Mensch, Frau Schneider, endlich haben wir es lokalisiert. Seit Stunden versuchen wir herauszufinden, wo der Virus sitzt. Es ist Ihr Rechner! Der schickt lauter Syn-Acc-Pakete auf Layer 3 und die droppen dann an den Edge-Routern. Bald bricht das ganze Netz zusammen. «

Klingt gar nicht gut, oder? Falsch. Klingt gut, ist aber inhaltlich völliger Unsinn. Aber wie soll das eine Sekretärin wissen? Sie hat gelernt Termine zu verwalten, Reisen und Meetings zu koordinieren und Briefe sowie Präsentationen auf dem Computer zu erstellen. Auch noch Informatiker sein, davon war nie die Rede.

Sinn und Zweck, derartigen Unsinn zu erzählen, ist es, die Sekretärin dazu zu bringen, ihre User-Id samt Passwort zu verraten. Hat sich der Hacker schon physikalischen Zugriff zum Netz verschafft[39], fehlt ihm nämlich genau das: eine Zugriffsberechtigung auf möglichst viele, am besten noch sensible Daten. Wer bietet sich da am besten an, ganz klar, die (Chef-)Sekretärin.

Michael Hochenrieder nutzt bei Sicherheitsüberprüfungen zu solchen Zwecken am liebsten eine interne Rufnummer. Das erweckt am wenigsten Misstrauen. Interne Telefone findet man am besten in leeren Besprechungsräumen, die man unter irgendeinem Vorwand nutzen darf[40]. Noch ungefährlicher ist es aber, von außerhalb anzurufen und das Telefon dazu zu bringen, eine interne Nummer anzuzeigen[41].

Das weckt Vertrauen und wenn der Anrufer der armen Frau Schneider dann noch Hilfe anbietet, wird sie sich dankbar an die kompetenten Anweisungen am Telefon halten. Sie wird in CommandShells Befehle eintippen, IP-Adressen und Netzmasken durchgeben, Server pingen, Netzlaufwerke mappen und vielleicht sogar eine Telnet Session eröffnen. Das alles wird und muss sie nicht verstehen, sie ist nur der verlängerte Arm des Anrufers.

---

[39] Siehe: »Sauber machen«
[40] Siehe: »Sauber machen«
[41] Siehe: »Deine ist meine«

Möchte der Angreifer lieber in aller Ruhe selbst nach Dateien suchen, muss er Frau Schneider dazu bringen, ihm ihr Passwort zu nennen. Dazu werden am besten wieder ein paar unsinnige aber toll klingende Fremdwörter benutzt, damit sich das Opfer ausloggt.

In Firmennetzen enthält der Login-Schirm meist drei Eingabefelder, die gefüllt werden müssen. User-Id, Passwort und die Netzwerk-Domäne. Letztere ist der Name des Netzwerkes, welches den User kennt. Meist wird der Name der Firma verwendet. Hat Frau Schneider noch die Schweißperlen auf der Stirn, weil sie immer noch der irrigen Annahme ist, ihr Rechner verseucht gerade das gesamte Firmennetz, klingt es doch völlig plausibel, wenn sie dort »ANTIVIRUS« eintragen soll.

Dummerweise gibt es keine Domäne, die so heißt. Tippt Frau Schneider jetzt noch ihre User-Id und Passwort ein, wird sie beim Klick auf den Login-Knopf eine Fehlermeldung erhalten. Selbst nach dem Hinweis, die Groß-Klein-Schreibweise zu überprüfen und es noch mal zu versuchen, klappt es nicht. Garantiert.

Zum Glück ist ja der kompetente Herr Hansen aus der IT Abteilung am Telefon, es eilt, also wird Frau Schneider mal Fünfe gerade sein lassen und das Passwort durchgeben. Herr Hansen verspricht, das Problem schnell zu beheben und sich dann wieder zu melden. Das Passwort kann Frau Schneider ja danach umgehend ändern.

Es gibt wenige Tricks, die derart gut funktionieren wie Fach-Chinesisch von vertrauenswürdigen Stellen. Etwa acht von zehn Hansens bekommen so das Passwort über das Telefon genannt, sagt Hochenrieder.

Einfacher Tipp an alle Schneiders dieser Welt, wenn irgendjemand – auch ein (vermeintlicher) Kollege – Zugangsdaten am Telefon verlangt: Rufen Sie zurück, oder lassen Sie sich, wenn möglich, von einer Ihnen bekannten Person dieser Abteilung zum vermeintlichen Herrn Hansen verbinden. Nur so stellen Sie sicher, dass Ihnen tatsächlich bald das Netz um die Ohren fliegt und Sie selbst nicht bald raus.

13.3 Finderlohn

▨ Wie man Mitarbeiter dazu bewegt, einen Trojaner im Firmennetz zuinstallieren

Stellen Sie sich vor, Sie finden einen USB Stick in der Tiefgarage Ihrer Firma. Super, so ein 8GB Teil wollten sie doch schon immer haben. Links-Rechts-Blick – keiner guckt und schwups – eingesackt! Natürlich wollen Sie den Stick dem Besitzer zurückgeben, ist ja klar. Wie aber soll man den Besitzer ausfindig machen?

Die Lösung ist recht einfach. Erst einmal nachsehen, was da überhaupt drauf ist. Vielleicht findet sich ja ein Brief mit Absender oder gar ein paar Fotos vom letzten Urlaub und der Kollege ist identifiziert. Sind wir doch mal ehrlich: Die Hoffnung auf ein paar peinliche Bildchen des Kollegen wären doch die Rettung des eh schon so mies angelaufenen Tages. Der dröge Schneider aus der Buchhaltung mit zwei Pommes in den Nasenlöchern oder gar ein erotisches Bildchen seiner hässlichen Gattin? Das wäre der Brüller unter den Kollegen.

Die Neugierde der Menschen ermöglicht es Hackern auf einfachste Art und Weise, in Ihrer Firma einen Trojaner zu installiern. Programme also, die heimlich im Hintergrund lauern und entweder Passwörter mitlesen oder Daten an ausländische Server schicken – alle erreichbaren Dokumente und Kopien von E-Mails zum Beispiel.

Das Vorgehen ist einfach, gefahrlos und kostengünstig. Für eine handvoll Euro besorgt sich der Einbrecher ein halbes Dutzend USB Sticks. Auf diese kommen dann unverbindliche Bildchen von Alpenseen oder vom Strand. (Sinnvollerweise lässt man eigene Portraitbilder weg. Soll schon vorgekommen sein und hat die ganze Aktion im Nachhinein auffliegen lassen.) Vielleicht noch eine mp3 Datei und das Setup-Programm eines Virenscanners. Das lässt den Stick schön ungefährlich erscheinen.

Als nächstes braucht man einen Trojaner, den das aktuellste Virenprogramm nicht erkennt. Ist man in der Lage, selbst zu programmieren, ist das gut, denn dann gibt es einen Zeugen weniger. Ansonsten kauft man sich für rund 250€ einen solchen in entsprechenden Foren. Ein solches Hackerforum hat das LKA vor kurzem ausgehoben und einen minderjährigen Jungen als Drahtzieher eingebuchtet.

Nachdem das Forum nun zwangsweise geschlossen wurde, kamen andere auf den Trichter, die Geschäftsidee zu übernehmen. Der geneigte Kunde muss nun lediglich eine andere URL in seinen Browser tippen, und mit gebrochenem Deutsch vorlieb nehmen.

Dieser Trojaner kommt natürlich auch auf den Stick, jedoch stellt sich immer noch die Frage, wie er ausgeführt wird. Kein Mensch würde auf einem gefundenen Stick die Datei Trojaner.exe starten. Doch hierbei hilft das Betriebssystem. Zwar hat Microsoft seit einiger Zeit die Autostart-Funktion bei USB-Sticks und -Laufwerken deaktiviert, trotzdem hat sich das noch nicht auf allen Rechnern verbreitet. Da der Hacker das aber vorher schlecht wissen kann, muss eine andere Methode her, die den User dazu verleitet, das Programm zu starten. Und zwar ganz bewusst startet!

Ich persönlich beginne solche Angriffe bei Audits ganz gerne vor Festtagen. Kurz vor Weihnachten, vor Ostern oder an Halloween zum Beispiel. Da sind es die Leute gewohnt, Mails mit lustigen Anhängen zu kriegen. Tanzende Rentiere die JingleBells singen oder ein nettes kleines Spielchen für zwischendurch, bei dem man Ostereier suchen oder Pumpkins mit der Pumpgun abknallen muss.

Lädt der Titel und das Icon zu einem solchen Spielchen ein, ist die Chance recht groß, dass der spätere Finder meines USB Sticks dieses mal antestet. Natürlich startet dann auch das erwartete Spielchen, im Hintergrund installiere ich aber zuerst die Hintertüre zu meinem neuen Gast-System. Leider gibt es immer noch ein paar Feiglinge, die sich nicht klicken trauen, daher muss es mehr als ein Stick sein, den ich munitioniere.

Die USB Sticks werden dann verteilt. Natürlich nicht im persönlichen Kontakt. Vielmehr verliere ich sie ganz bewusst an Stellen, die für mich zugänglich sind. Im Parkhaus, vor dem Haupteingang, in der Toilette, im Aufzug oder im Treppenhaus. Komme ich unter einem Vorwand ins Haus, um so besser. Je tiefer die Sticks im Fleisch der Firma stecken, desto größer die Chance, von den Richtigen gefunden zu werden.

In aller Regel gehen bereits sechs dieser Sticks innerhalb der ersten Stunden intern ans Firmennetz und installieren meine »Fernwartung«. Das bestätigt auch Michael Hochenrieder als Experte im Bereich Social Engineering. Da er diese Tests weitaus regelmäßiger macht, ist seine Statistik sehr viel aussagekräftiger als meine.

Wie so oft hilft uns Hackern die Neugier – und die Gier nach Technik – um bei Ihnen ins Firmennetz zu gelangen. Das Ganze funktioniert aber nur, wenn die Mitarbeiter nicht damit rechnen, dass ein alltäglicher Gegenstand missbraucht werden kann. Wenn sie das aber wissen, können sie richtig handeln. Sie selbst sind ja jetzt im Bilde und wissen, was mit fremden Gegenständen zu tun ist.

Finden Sie also mal einen USB Stick auf Ihrem Firmengelände, dann bringen Sie ihn besser unverzüglich in die IT Abteilung. Die machen zwar auch nichts anderes als Sie: Die stecken den Stick an und sehen erst mal nach, was drauf ist. Ist leider so, aber wenigstens sind Sie dann nicht schuld.

13.4 Früher war alles besser

▨ Warum man Kinder zum Lügen animieren sollte

Wenn man älter wird, neigt man dazu, die Vergangenheit zu glorifizieren. Die Preise waren niedriger, die Arbeit nicht so stressig, und als Jugendliche hatten wir noch Respekt vor dem Alter. Heute ist alles teurer, die Herzinfarktrate unter 50 ist fast doppelt so hoch und in der U-Bahn steht auch keiner mehr auf – im Gegenteil, man bekommt eher eine Faust oder eine Bierflasche ins Gesicht als einen Platz unter das Hinterteil.

Doch ist das wirklich so, ist alles schlechter geworden? In jungen Jahren haben wir noch ein ganz anderes Gefühl für unsere Umwelt. Alles ist offen, man probiert dies und das, es fehlt die Verantwortung für Mann, Frau und Kinder. Demnach wird vieles als halb so wild betrachtet. Doch die Statistik spricht dagegen. Es gibt definitiv mehr Übergriffe von Jugendlichen auf Erwachsene, ebenso steigen die Lebenshaltungskosten nahezu von Jahr zu Jahr.

Alles steigt an, sogar die Anzahl an Steinschlägen in PKW-Frontscheiben! Und das nicht nur total gesehen, was durch die steigende Anzahl an Kraftfahrzeugen zu erklären wäre. Nein, sogar die Anzahl an Steinschlägen pro 100 zugelassener KFZ stieg in den letzten fast 50 Jahren stetig an. Manchmal stelle ich mir vor, wie Mitarbeiter der Autoglas-Firmen mit Steinschleudern hinter Brückenpfeilern lauern, nur damit sie anschließend kaskofrei eine neue Frontscheibe nach patentierter Methode einsetzen können – im Zweifel auch direkt vor Ort.

Manche Dinge ändern sich jedoch im Laufe der Zeit, ohne dass es einer merkt. Lügen zum Beispiel ist etwas, was Vater und Mutter ihren Kindern seit Jahrzehnten verbieten. »Du sollst nicht lügen.« oder »Wer einmal lügt, dem glaubt man nicht mehr.« Dabei ist es mittlerweile an der Zeit, dass die Eltern ihre Kinder endlich dazu erziehen zu lügen, was das Zeug hält. Das ist heute wichtig, denn es geht dabei nicht um Richtig oder Falsch, sondern um Schutz.

Immer wieder liest man von Erwachsenen, die sich in Foren für Kinder und Jugendliche einwählen und dabei meist unter falscher Identität Kinder anchatten. Im günstigsten Fall fragen sie nur mal nach, welche Unterhose Ihre Tochter gerade trägt, im ungünstigsten Fall wollen sie sich mit ihr treffen.

Da gerade Kinder kaum einschätzen können, ob das Angebot eines Treffens von einer gleichaltrigen Pferdefreundin aus dem Netz kommt oder von einem erwachsenen Mann, sollten Sie Ihren Kindern mal zeigen, wie leicht es ist, eine fremde Identität anzunehmen.

Registrieren Sie sich deshalb doch einfach mal selbst im beliebten Forum oder bei Facebook und machen Sie sich dabei zu einem vierzehnjährigen Mädchen. *Jule1998* wäre ein passender, weil irreführender Nickname. Vielleicht öffnet das den Kindern die Augen und ermuntert sie tatsächlich dazu, einen Erwachsenen hinzuzuziehen, wenn sie ein Angebot zum ersten realen Treffen erhalten.

Bringen Sie Ihre Kinder dazu, auf ihr Bauchgefühl zu achten. Mein Fahrlehrer bläute mir ein, dass ich dann zu schnell auf der Autobahn unterwegs bin, wenn ich anfange mich unwohl zu fühlen. Gleiches gilt für die Datenautobahn – das Bauchgefühl warnt, selbst wenn das eigentliche Problem noch nicht eingetreten oder noch nicht wirklich greifbar ist.

Doch zurück zum Lügen. Ermuntern Sie Ihre Kinder dazu, im Netz falsche Angaben zu machen. Das gilt für Namen, Adresse, Hobbys, aber auch das Alter. Sie sollen lügen, bis sich die Balken biegen, um sich und ihre Identität, ihre Privatsphäre zu schützen. Das einzige, gegen das sie dabei verstoßen, sind die AGB des Anbieters. Nicht mehr. Soll sich der perverse Sack doch vor die falsche Schule stellen und warten, bis er schwarz wird.

Die Zeiten ändern sich halt. Die Geschichte mit der steigenden Anzahl an Steinschlägen in Windschutzscheiben hat übrigens einen ganz simplen Grund. Es liegt daran, dass die Autos windschnittiger werden. Die Scheiben veränderten in den letzten Jahrzehnten ihre Position. Sie liegen heute fast immer schräg, während sie früher nahezu senkrecht eingebaut waren. Dabei entstand ein Luftwirbel vor der Scheibe, der kleine, entgegenkommende Steinchen über das Fahrzeug und damit am Verbundglas vorbei nach oben gewirbelt hat. Heute schlagen sie voll ein und es geht etwas kaputt. Zum Glück nur eine Scheibe und keine gesunde Kindheit.

13.5   Was weg ist, ist weg

◼ Wie sich die Rechtsprechung verändert und sich an virtuelle Welten anpassen muss

Kann man etwas stehlen, was man nicht anfassen kann, was es sogar gar nicht wirklich gibt? Natürlich nicht, werden Sie sagen. Außer vielleicht die Schwiegermutter. Die kann das. Wenn *Mann* sonntags zum Kaffee muss, dann klaut die einem Zeit. Die gibt es laut Einstein zwar schon, aber irgendwie nicht so real, so zum Anfassen und daher kann *Mann* Schwiegermütter auch nicht verklagen.

Rechtsanwalt Professor Ernst aus Freiburg kann jedoch von einem Fall aus Bochum berichten, in dem gerade das passiert ist. Da wurde zwar keine Zeit gestohlen, aber etwas, das es auch nicht wirklich gibt: Phönixschuhe.

Jetzt sind es ja eher die Frauen, denen ein Schuhtick nachgesagt wird. Ausgereizt in Sketchen und der Werbung erstarrt das weibliche Geschlecht vor den Stilettos in Rot mit dem edlen Design vom edlen Designer. Hin und wieder sind auch Männer davon gepackt und träumen von feinen Sohlen.

Bei manchen Computerspielen mit echtem Suchtfaktor und mehreren Selbsthilfegruppen kommt es darauf an, in Rang und Ansehen gegenüber den Mitspielern aufzusteigen. Dies geschieht durch Handel, Kampf und stundenlanges Spielen.

Hat ein Spieler mehrere hundert Stunden damit zugebracht, mit seiner Spielfigur im Märchenland umherzuwandern, sammelt seine Figur virtuelles Geld, virtuelle Erfahrung und andere ebenso virtuelle Gegenstände. Diese Gegenstände kann man durch das erspielte Guthaben von anderen Teilnehmern kaufen – man kann sie aber auch tauschen. Doch lesen Sie selbst:

Es war einmal vor langer Zeit ein Wanderer, der seit geraumer Zeit in den Auen und Wäldern umherstreifte und dabei mit den Reisenden, die er traf, Handel trieb. Er vermehrte sein Vermögen stetig und schon bald war er in der Lage, sich seiner alten Kleidungsstücke zu entledigen und feinen Zwirn zu besorgen. Besonders stolz war er auf seine silbernen Phönixschuhe. Fast niemand konnte sich solche Schuhe leisten und er trug sie zur Schau wie ein Pfau. Es gab nur eines, was er sich mehr wünschte, als diese silbernen Schuhe: goldene Phönixschuhe.

Doch um goldene Phönixschuhe zu bekommen, musste der Spieler seine Figur noch viele hundert echte Stunden am PC durch das Computerspiel steuern. Wochenlang, wenn nicht gar Monate musste er mit virtuellen Reisenden Handel treiben. Eine nicht nur nerven-, auch eine extrem zeitintensive Tätigkeit.

Just als sein Avatar im Spiel einen Reisenden im Wald traf und mit ihm Handel treiben wollte, ging ein kleines Fenster auf dem Bildschirm auf und der fremde Spieler startete einen Chat. Warum er denn unbedingt sein wertvolles Erz gegen die eigentlich geringwertigeren Kräuter tauschen wolle? fragte ihn dieser. Nun, ganz einfach, die Kräuter geben mehr Heilkraft und damit lässt sich bei den Heilern Honig tauschen. Und mit ganz viel Honig kann man die silbernen in goldene Phönixschuhe umwandeln.

Da lachte der andere Spieler ein lautes *:-D* und fragte, ob er denn nicht wisse, dass das auch mit einem Cheat geht?

Ein Cheat ist ein Trick, etwa eine bestimmte Tastenfolge oder eine ungewöhnliche Reihenfolge von Bewegungen, die ein Spieler eingeben muss. Links, Links, Rechts, Page up, Delete und dann Rechts, Rechts zum Beispiel. Das macht im echten Spiel kein Mensch, und so lässt sich wunderbar die eine oder andere Abkürzung ins Spielgeschehen zaubern.

Cheats waren ursprünglich dazu gedacht, den Entwicklern und vor allen Dingen den Testern von Spielen ein paar Hintertürchen zu geben. Sie hatten so die Möglichkeit, auch höhere Level zu testen, ohne tagelang bereits durchgetestete Sequenzen erneut durchlaufen zu müssen. Gäbe es diese Abkürzungen nicht, kämen manche Computerspiele nicht nur verspätet auf den Markt, sondern nie, weil die dazugehörige Hardware längst im Museum steht. Heute haben sich Cheats durchaus gewandelt. Sie dienen auch als Marketinginstrument, um den ein oder anderen Ladenhüter zumindest noch einmal kurz in die »Schon gehört«-Kolumnen von Chip, c't und ComputerBild Spiele zu bringen.

Doch zurück zu unserem tapferen Wanderer im Wald. Angefixt von der Vorstellung in Kürze zu den wundervollen goldenen Phönixschuhen zu kommen, lässt er sich den Cheat im Chat erklären. Schuhe ausziehen, neben sich stellen und dann Ctrl-Esc-Alt-Tab-Del gleichzeitig drücken.

Sie ahnen es vielleicht, mit dieser Tastenkombination beendet man sein Spiel. Und dann stehen sie da, die silbernen Phönixschuhe. Ganz allein im dunklen Wald. Nein, nicht ganz alleine. Der Reisende ist ja auch noch da. Der, der dem anderen den »Cheat« gechattet hat und der findet jetzt auf dieser einsamen Lichtung im Wald ein paar virtuell extrem wertvolle silberne Phönixschuhe, nimmt sie an sich und macht sich aus dem Staub.

Als der Spieler des bestohlenen Avatars seinen kapitalen Fehler bemerkt, geht er zur Polizei und erstattet Anzeige. Wegen Diebstahls von Phönixschuhen, die seinem Avatar gehört haben und durch einen anderen Avatar entwendet wurden.

Nun ist ein Diebstahl definiert als Entwendung einer fremden und – *aufgepasst!* – beweglichen Sache. Das kann es offenbar ja nicht gewesen sein. Möglicherweise greift aber Betrug. Da muss man falsche Tatsachen vorspielen und nicht über die Konsequenzen aufklären. Passt schon eher, nur wie hoch ist der entstandene Schaden?

Erstaunlicherweise ist das schon eher zu klären, schließlich kann es sich auch bei virtuellen Gegenständen um Dinge mit einem Vermögenswert handeln. Dann nämlich, wenn diese zum Beispiel gegen echte Euros bei eBay zu ersteigern sind. Und was Wert hat, das kann auch Neid und Gier erzeugen. Und Gier, egal ob in der virtuellen oder realen Welt, macht den einen oder anderen Menschen böse.

Im realen Hier nutzen Hacker Neid und Gier auch beim Social Engineering aus und sind damit überaus erfolgreich. Im Gegensatz zum Bochumer Fall, sind dadurch aber ganz reale Werte zu ergaunern – welche, die man tatsächlich auch anfassen kann.

Im Herzen des Ruhrgebiets ermittelte die Polizei schließlich ganz klassisch einen ganz anderen Tathergang. Ein Bekannter des Opfers hat sich die Zugangsdaten erschlichen und die Phönixschuhe auf sein Online-Konto transferiert – neben einem Siamesenmesser und einem Himmelssträhnenband. Die Beute konnte jedoch nicht sichergestellt werden, da das Computerspiel über keine Asservatenkammer verfügt.

13.6   Gewinnsucht

▨ Wie man Menschen dazu bringt, User ID und Passwort zu verraten

---

»Schönen Guten Tag, wir kommen vom Institut für Internet-Sicherheit und analysieren Passwörter. Sind Sie so nett und schreiben Ihr Passwort auf? Natürlich bleiben Sie anonym, so dass keiner etwas damit anfangen kann. Sie können das Passwort einfach auf ein weißes Blatt Papier schreiben.«

Auf diese Art und Weise hat Markus Linnemann mal Passwörter gesammelt. Tatsächlich haben sich einige Dutzend Menschen in wenigen Stunden dazu durchgerungen, ihre Passwörter preiszugeben. Ohne dazugehörende Benutzerkennung ist das Losungswort ja auch nutzlos.

Tatsächlich waren die Menschen zuerst gar nicht gerne bereit, ihre Kennwörter preiszugeben. Erst als ein iPhone als möglicher Gewinn in einem Preisausschreiben ausgelobt wurde, klappte das besser. Um das iPhone gewinnen zu können, brauchte es aber auch die persönlichen Daten wie Name, Adresse und – ganz wichtig – die E-Mail-Adresse. Dafür gab es ein Extraformular, das der Reihe nach gestapelt wurde – genau in der gleichen Reihenfolge wie die weißen Blätter mit den Passwörtern.

Und weil E-Mail-Adressen in vielen Fällen als Benutzerkennung dienen, hatte der freundliche Herr vom Institut nun Zugriff auf diverse eBay- und Amazon- und Webmail-Konten.

Einen Preis gewonnen hat übrigens niemand. Die konnten alle froh sein, nicht draufgezahlt zu haben.

14 Hardware

14.1 Anti-Feature

Mit welchen Tricks wir zum Kauf von teurem Original-Zubehör gezwungen werden

Wissen Sie, was ein Anti-Feature ist? Ganz einfach, es ist die bewusste und absichtliche Verschlechterung von Produkten mit dem Ziel, uns für Upgrades nur noch mehr Geld aus der Tasche zu ziehen – oder uns gleich das deutlich teurere Top-Modell aufzuschwatzen, bei dem auch die Marge deutlich höher ist.

Gut, das geht nicht mit allen Produkten. Bei einem Ofen zum Beispiel würden Sie – zu Recht – einen anderen Hersteller wählen, wenn sie bei einem bestimmten Modell »Oberhitze« nur gegen ein kostenpflichtiges Upgrade nachkaufen könnten. Bei Technikprodukten wie Kameras, Druckern und sogar Prozessoren in Computern merken Sie das vor dem Kauf jedoch nicht. Die Hersteller sind leider auch nicht verpflichtet, so etwas anzugeben.

Dass Drucker günstige Tintenpatronen von fremden Herstellern ablehnen[42] ist ja fast schon allgemein bekannt. Etwas fieser hingegen sind manche Kameras, die sich weigern, mit kostengünstigen Ersatz-Batterien zu arbeiten. Panasonic hat vor ein paar Jahren die ersten Kameras auf den Markt gebracht, die erkennen können, ob ein teurer Energiespender des Herstellers eingelegt wurde, oder nicht. Im letzten Fall verweigert die Kamera den Dienst und Sie müssen überteuerte Original-Akkus kaufen. Besser wäre es, die Kamera eines anderen Herstellers zu wählen.

Wenn Sie das schon als ziemlich frech empfinden, dann warten Sie mal ab, mit was andere Leute ihr Geld verdienen. Die Firma Atmel zum Beispiel produziert einen Mikrochip, den bekannte und unbekannte Hersteller auf die Platinen ihrer Handys oder Digitalkameras verlöten. Er prüft mit starken Kryptografiemechanismen, ob eine Batterie vom Kamera- bzw. Handy-Hersteller oder vom Hong-Kong-Importeur um die Ecke kommt. Ist letzteres

---

[42] Siehe: »Hinterher ist man immer schlauer«

der Fall, wird einfach das interne Powermanagement ausgeschaltet und die Batterie ist schneller leer.

Sie haben richtig gelesen, manche Hersteller von Handys und Digicams geben Geld für einen Chip aus, der uns glauben lässt, dass Noname-Akkus schlechter sind als die des Herstellers. Das kann, muss aber gar nicht sein, denn der AT88SA100S von Atmel sorgt nur dafür, dass wir das glauben – schließlich muss der »falsche« Akku schneller und öfter ins Ladegerät. Absurderweise kostet der Chip rund 5-10% des Einkaufspreises eines Original-Akkus.

Nun bringt die EU ja regelmäßig irgendwelche teils unsinnigen Verordnungen raus. Aber das wäre doch mal etwas – ähnlich wie Zigarettenschachteln auf die Gesundheitsgefahr des Rauchens hinweisen, sollten Technikanbieter gezwungen werden, auf Anti-Features hinzuweisen.

»Diese Videokamera kann genauso hochauflösende Filme aufnehmen, wie unser doppelt so teures Modell. Vor dem Speichern werden die Bilder jedoch absichtlich verschlechtert.« Oder vielleicht »Dieser Laptop steht unserem teuren Top-Modell in nichts nach. Per Software haben wir aber die Geschwindigkeit gedrosselt. Diese Sperre kann gegen Gebühr aufgehoben werden.« Wäre das Pflicht, würde eine derartige Verbraucher-Verarsche sicherlich genau so schnell verschwunden sein, wie wirklich schlechte Akkus leer werden – auch ohne Atmels AT88SA100S.

14.2 Hinterher ist man immer schlauer

▓ Wie man leere Drucker doch noch mal zum Drucken bewegen kann

Trinkgeld gibt man, weil man mit dem Service zufrieden war. Nach einem Essen im Restaurant lässt man Revue passieren, ob denn die Bedienung freundlich war, schnell und akkurat gearbeitet hat. Wurde z.B. das extra Brot zum Salat an den Tisch gebracht, bevor die Blätter welk wurden und hat die kleine Emily auch ihr Ketchup bekommen, solange die Fritten noch heiß waren. Die meisten Menschen neigen dazu, das Trinkgeld zu kürzen oder gar zu streichen, wenn das Essen nicht geschmeckt hat – obwohl da eigentlich der Koch Schuld hat und nicht die Bedienung.

Trinkgeld gibt man, wenn das Essen vorbei ist. Oder bei der Abreise aus dem Urlaubsappartement, wenn die Putzkolonne immer alles schön sauber gemacht hat. Hinterher ist man schlauer und weiß, ob der Service den eigenen Vorstellungen entsprochen hat.

Ganz ähnlich ist es nach dem Kauf eines neuen Tintenstrahldruckers. Erst nach dem Ende der meist nicht einmal halb gefüllten mitgelieferten Tintenpatronen weiß man alles. Da kommt oft das böse Erwachen, denn so ein neuer Satz Tinte in vier Farben kostet oftmals mehr als die Hälfte des ganzen Druckers. Die Hardware ist subventioniert, durch die Tinte verdient man Geld. Tja, hinterher ist man ... Sie wissen, was ich meine.

Damit das mit dem Geld verdienen auch so bleibt, haben die meisten Patronen einen kleinen Chip integriert, den der Drucker auslesen kann. So erfährt er, ob es sich um eine sündhaft teure Originalpatrone handelt oder ob es eine kostengünstige No-Name-Tinte ist.

Kommt die farbige Flüssigkeit nicht aus dem eigenen Hause, meckert der Drucker und weist unsinnigerweise auf die Gefahr hin, der Drucker könnte zerstört werden. Ganz penetrante Printer lassen dies den Nutzer vor jedem Ausdruck per Knopfdruck am Gerät noch einmal bestätigen, in der Hoffnung, dass allein das zur Rückkehr zur Markentinte führt. Andere Hersteller machen das etwas perfider. Wenn der Drucker merkt, dass Sie keine teure Originaltinte eingelegt haben, verschlechtern sie unmerklich die Druckqualität von 1200 auf 300 dpi. Der Ausdruck wird dadurch grobkörniger und blasser. Vergleichen Sie dann zwei Ausdrucke, einmal mit der teuren Originaltinte und einmal mit der günstigen aus dem Online-Versand stellen Sie fest, dass die

Qualität tatsächlich für das Original spricht. Das Blatt brauchen Sie nicht mal vor ein Licht zu halten, das erkennen Sie auch so. Sie sollten nur wissen, dass Sie hinter selbiges geführt wurden.

Mein vorletzter Drucker weigerte sich sogar hartnäckig mit fremden Patronen zu drucken. Auch das Nachfüllen half nichts. Irgendwann kam die Meldung, dass die Patrone ja längst leer sein müsse und daher einfach nicht weitergedruckt werden könne – obwohl genügend Tinte von mir nachgefüllt wurde. Alleine die Vorstellung, dass das vor einer wichtigen Präsentation passiert, veranlasste mich dazu, den eigentlich funktionstüchtigen Drucker zum Sperrmüll zu bringen und für immer den Hersteller zu wechseln.

Ist die Tinte aber tatsächlich einmal leer oder eingetrocknet, gerade dann natürlich, wenn etwas Wichtiges zu Papier oder auf Folie zu bringen ist, gibt es einen Trick. Hitze.

Eingetrocknete Tintenpatronen bekommt man mit einem Fön wieder flott. Was die Haare trocknet, lässt die Tinte flüssig werden, auch dann wenn sie als fester Klumpen auf den Düsen haftet. Vermeintlich leere Tintenkammern hingegen enthalten meist doch noch einen Rest an Druckfarbe. Der klebt eingetrocknet an den Rändern im Inneren der Patrone. Legt man das Ganze in ein Schälchen heißes Wasser und wartet ein paar Minuten, wird die Tinte wieder flüssig, ein Tropfen Spülmittel befreit gleichzeitig das kleine Gitter, das die Farbe freigibt. Mit klarem Wasser abgespült und getrocknet (vor allem die Kontakte) lassen sich aus so einer Kartusche erfahrungsgemäß noch drei bis fünf Seiten sauber drucken. Erst dann ist wirklich Schluss.

Ich habe mir übrigens mittlerweile angewöhnt, das Trinkgeld vorher zu geben. Zumindest im Urlaub mache ich das. Ich versuche die für mein Zimmer zuständige Dame des Reinigungspersonals möglichst gleich am ersten Morgen zu erwischen und stecke ihr 10 Euro zu. Ich schwöre Ihnen, sie bekommen alles, was sie wollen – bezogen auf die Zimmerreinigung versteht sich. Noch kein einziges Mal habe ich es bereut, dass ich das Trinkgeld vorher gegeben habe. Das Zimmer war immer etwas tip-topper als die anderen und Sonderwünsche wie ein zweites Kissen erledigten sich quasi von selbst. Tja, manchmal ist man halt auch vorher schlauer.

14.3 Hab dich!

■ Wie man seinen gestohlenen Laptop wieder bekommt

Haltet den Dieb! Wohl jeder macht sich Gedanken, was passiert, wenn einem der Laptop geklaut wird. Welche Daten sind drauf? Habe ich Passwörter oder Zugangsdaten gespeichert? Gibt es peinliche Bilder von mir? Wie bezahle ich ein neues Gerät?

Lassen wir mal die Daten außen vor. Dafür gibt es Verschlüsselungssoftware und gerade in Unternehmen sind die Notebooks in vielen Fällen schon derart geschützt. Beim privaten Laptop ist das oft anders. Betrachten wir mal, wie wir wieder zu einem tragbaren Computer kommen. Am besten zu unserem eigenen, dem, der irgendwie abhanden gekommen ist.

Wie toll wäre es, wenn sich der Laptop melden würde, sagt, wo er ist und am besten noch ein Bild des Diebes schickt. Was hier nach George Orwell klingt, ist heute aber machbar – noch dazu kostenlos.

Programme wie *Prey* oder *Hidden* installieren sich in den Tiefen des Betriebssystems und warten darauf, aktiviert zu werden. Einmal auf dem System, wird sich der Laptop jedes Mal, wenn er angeschaltet wird und ein Internetzugang zur Verfügung steht, bei einem extra dafür eingerichteten Server melden. Dabei stellt er die Anfrage, ob er denn schon geklaut wurde. Ist alles OK, legt sich das Programm schlafen. So lange, bis der Laptop erneut gestartet wird oder bis eine vorher eingestellte Zeit abgelaufen ist. Dann wird wieder nachgefragt.

Teilt der Server dem System mit: »Hey, Dich hat einer gemopst!«, dann wird es aktiv. Je nach Programm werden dann in einstellbaren Zeitintervallen Screenshots erstellt, mit der eingebauten Webcam Bilder gemacht – in der Hoffnung den Dieb vor dem Gerät aufzunehmen – und mittels Triangulation von erreichbaren WLAN-Netzen eine möglichst genaue Position berechnet.

All diese Informationen werden dann ins Internet auf einen Server gestellt. Der rechtmäßige Eigentümer kann sie abrufen, um den derzeitigen Besitzer zu überführen. Ist die Person unbekannt, helfen die Screenshots möglicherweise. So wird die Mailadresse erkennbar sein, wenn das Mailprogramm geöffnet ist oder das Facebook-Profil, wenn der Langfinger gerade seinen FreundInnen mitteilt, er habe endlich ein neues Notebook »gekauft«.

Die Position des Laptops mag etwas ungenau sein, schließlich handelt es sich nicht um ein GPS-Signal. Dafür ist die ungefähre Position auch in geschlossenen Räumen zu bestimmen, wenn kein Satellit zu sehen ist. Selbstversuche zeigen, dass sogar die Hausnummer auf einer Google-Map richtig angezeigt wird, wenn ausreichend WLAN-Netze in der Nachbarschaft sind und der Computer zumindest ein bisschen in der Wohnung umher getragen wird – sprich, wenn er nicht nur fest auf einem Tisch steht. Was logischerweise nicht möglich ist, ist das Stockwerk zu benennen, in dem der Dieb haust.

Da Selbstjustiz zum Glück nicht erlaubt ist, empfiehlt es sich, mit den Informationen zur Polizei zu gehen. Die sorgt dann nämlich sicher und gefahrlos für eine Rückgabe des Gerätes. Sinnvollerweise können Sie durch Quittungen belegen, dass der Computer Ihnen gehört, und am besten ist der Diebstahl vorher auch angezeigt worden. Letzteres ist zwar nicht immer möglich, denn die Programme arbeiten auf Wunsch bereits Sekunden nach dem Diebstahl und liefern erste Ergebnisse.

Je nach Hersteller und Betriebssystem gibt es, wie gesagt, auch kostenlose Tools, erfreulicherweise auch als OpenSource. Da derartige Programme aber immer einen passenden Serverdienst benötigen, verlangen die Hersteller meist eine Art Mitgliedsbeitrag für den Betrieb. Die Preise dafür sind angemessen und spotten jeglichen Versicherungstarifen.

Bei *Prey* gibt es sogar einen kostenlosen Account. Wer diesen wählt, bekommt jedoch im Fall der Fälle lediglich zwei Meldungen des Laptops. Allerdings kann man es machen wie beim ADAC. Hat man eine Panne, ruft man den Gelben Engel, schließt eine Mitgliedschaft auf der Kühlerhaube ab und bekommt sofort den ganzen Service des Vereins. Wird der Laptop gestohlen, kann man seine bis dato kostenlose Mitgliedschaft per Kreditkarte in einen Pro-Account upgraden, und schon kann man im Minutentakt Screenshots, Bilder und Positionsdaten abrufen. Daher empfiehlt es sich, erst einmal alle Familien-Notebooks mit der kostenfreien Variante auszustatten und bei Bedarf die Bezahlkarte zu zücken.

Einen Nachteil hat dieser Diebstahlschutz jedoch. Der Dieb muss den Laptop anschalten und um möglichst viele Bilder zu bekommen, sollte man ihn auch damit arbeiten lassen. Daher ist es wichtig, zumindest einen Gastzugang anzulegen, weil das eigene Passwort bei der Anmeldung ja hoffentlich vom Dieb nicht zu erraten ist.

Des weiteren ist eine Internetverbindung notwendig, und diese ist nur gegeben, wenn der Langfinger sein eigenes WLAN einbindet oder wenn ein offenes, freies Netz in der Nachbarschaft verfügbar ist.

Damit ein versierter Dieb nicht von einer CD oder einer externen Festplatte booten kann (dies verhindert das Starten der Überwachungssoftware) empfiehlt sich ein sicheres BIOS Passwort. Wäre ich der Gauner, würde ich jedoch die Festplatte ausbauen und durch eine »sichere« ersetzen. Dann haben solche Laptop-Schutzprogramme zwangsläufig keine Chance.

Aber mal ehrlich, ein Dieb der sich derartig auskennt und Festplatten herum liegen hat, der sollte es auch nicht nötig haben zu stehlen.

*Abbildung 14-1: Testdieb aufgespürt inklusive Foto, Screenshot (Facebook)
und Position*

15 Historische Geschichten

15.1 Die Griechen haben angefangen

▨ Wie man Daten ohne Computer verstecken kann

»Rapunzel, lass Dein Haar herunter«. Was bei den Gebrüdern Grimm für heiße Liebesnächte gedacht war, hat bei den antiken Griechen zur Übermittlung geheimer Nachrichten gedient. Herodot berichtet etwa 450 v.Chr. von einem Adeligen, der Rapunzels Geschichte falsch verstanden hat und einen Sklaven zwang, sein Haar ganz herab zu lassen.

Auf das Haupt des unfreiwilligen Meister Proper ließ er dann eine geheime Botschaft tätowieren. Kaum war das Haupthaar nachgewachsen, wurde der Sklave unbehelligt zum Empfänger geschickt, nur um dort erneut rasiert und abgelesen zu werden. Die Nachricht konnte so dringend nicht gewesen sein, aber wenn das heute noch gängig wäre, dann gäbe es wohl ein paar Dutzend Friseurgeschäfte mehr in jeder Stadt.

Mark Twain behauptete einmal »Geschichte wiederholt sich nicht«, dachte dabei aber wohl kaum an die westlichen Staaten und die Araber. Im Krieg zwischen Griechenland und Persien um 480 v.Chr. stellte Xerxes, der persische König der Könige, eine der größten Streitmächte der Geschichte zusammen. Er wollte in einem Überraschungsangriff Griechenland endgültig erobern und unterwerfen.

Nicht gerechnet hatte er jedoch mit dem in der persischen Stadt Susa lebenden verstoßenen Griechen Demaratos. Der nämlich beschloss, seine Familien vor den Plänen des Xerxes zu warnen. Dazu nahm er die zum Schreiben verwendeten Wachstafeln, kratzte das Wachs ab und schrieb auf dem Holzuntergrund von den grausamen Plänen. Anschließend übergoss er die Tafeln mit neuem, frischem Wachs, worauf die Wachen die vermeintlich leeren Schreibtafeln bedenkenlos aus der Stadt ließen.

Es war Gorgo, die Gemahlin des Leonidas, die die Idee hatte, das Wachs von den Tafeln abzunehmen. Auch wenn dies geschichtlich umstritten ist, auf so eine Idee kann wohl nur eine Frau kommen – und dann auch noch Recht behalten. Die Griechen wussten jedoch nun, was Xerxes vorhatte und schlugen ihn – bestens vorbereitet – am 23. September 480 v. Chr. in der berühmten Schlacht von Salamis (nach der die berühmte Wurst benannt ist, aber auch darüber streiten die Gelehrten noch).

Werden Nachrichten nicht verschlüsselt, sondern versteckt übertragen – meist in unscheinbaren Medien – dann spricht man von Steganographie. *Steganos*, das altgriechische Wort für Schützen oder Verstecken, sowie *Graphein* für Schreiben – verdecktes Schreiben also.

Die Technik des Versteckens wird auch heute noch im Computerzeitalter verwendet. So lässt sich in einem Digitalfoto mit 5 Megapixeln der Inhalt eines kompletten Buches verstecken. Durch minimales Ändern eines Farbtons, der leicht heller oder dunkler gemacht wird, werden digitale Nullen und Einsen im Bild platziert. Das menschliche Auge kann die Bilder nicht unterscheiden – sie scheinen völlig identisch.

*Abbildung 15-1: **Ein Foto vom Erdzeichen des Künstlers Wilhelm Holderied am Münchner Flughafen. In diesem Bild können unmerklich bis zu 500.000 Zeichen Text versteckt werden.** (Quelle: Klaus Leidorf)*

Mark Twain lag übrigens daneben. Auch wenn heute kein GI auf die Idee käme, die Displayfolie seines Laptops zu entfernen, nur um eine E-Mail auf die empfindliche LED Schicht zu kratzen, so kämpfen westliche Länder immer noch gegen arabische.

Geschichte wiederholt sich also doch – wenn auch nur scheibchenweise. Salamitaktik nennt man das passenderweise.

15.2 Vigenère und Kasiski

▨ Wie nach 300 Jahren die sicherste Verschlüsselungsmethode der Welt geknackt wurde

---

Als 1540 Blaise de Vigenère, nach wunderbarer Vorarbeit von Porta, die nach ihm benannte Verschlüsselungsmethode beschrieb, dachte er an eine sichere Geheimschrift, die bis in alle Ewigkeit halten würde. Freilich ist eine Ewigkeit im ebenfalls ewigen Wettstreit der Kryptologen mit den Kryptoanalytikern ein hohes Ziel. Nichts desto trotz sollte die Vigenère-Verschlüsselung so lange als sicher gelten, wie keine andere zuvor und bis heute auch keine danach.

Erst 1863 nämlich, also mehr als 300 Jahre später, entdeckte der deutsche Major a.D. Friedrich Wilhelm Kasiski eine Schwäche darin. Er fand heraus, dass die ganzzahligen Teiler der Abstände von gleich lautenden Buchstabenpärchen identisch mit der Länge des Codewort ist. Mit dieser Information war es ein leichtes, das Codewort selbst zu bestimmen. Die Vorgehensweise beschrieb er in einem kleinen Büchlein, von dem er im Eigenverlag ein paar Dutzend drucken ließ. Im Vorwort grüßt er freundlich den Kriegsminister und lies diesem sein famoses Werk auch gleich per Post zustellen. Das würde Orden hageln am Ende seiner Laufbahn, dessen war sich Kasiski sicher.

Kriegsminister von Roon hingegen, war offenbar derart mit den Franzosen beschäftigt, dass er die Tragweite von Kasiskis Entdeckung schlichtweg nicht erkannte. Es ist nicht einmal belegt, dass er das Buch überhaupt gelesen hat.

Friedrich Kasiski konnte sich über eine derartige Kurzsichtigkeit des Ministers, noch dazu ein Preuße wie er selbst, nur maßlos ärgern, lies fortan das Dechiffrieren sein und widmete sich den Rest seines Lebens der Archäologie. Zum Glück erfuhr er wohl niemals, dass man im Nachlass des umtriebigen britischen Erfinders Charles Babbage Aufzeichnungen fand, die belegen, dass dieser schon rund 10 Jahre vor Kasiski die gleiche Schwachstelle gefunden, aber aus Faulheit nie veröffentlicht hatte. Kasiski hätte sich an seinen Ausgrabungsstätten sonst wohl gleich selbst mit eingegraben.

Zwar existiert die gefundene Schwachstelle nur bei langen Texten, in Universitäten wird dem Major a.D. trotzdem gehuldigt, wenn vom Kasiski-Test die Rede ist. Die letzte Bastion von Vigenère fiel erst Anfang 2008, seit dem können auch extrem kurze Chiffren gebrochen werden. Nachhaltig würde man solche Erfindungen heute nennen.

Abbildung 15-2: Die Geheimschriften und die Dechiffrir-Kunst

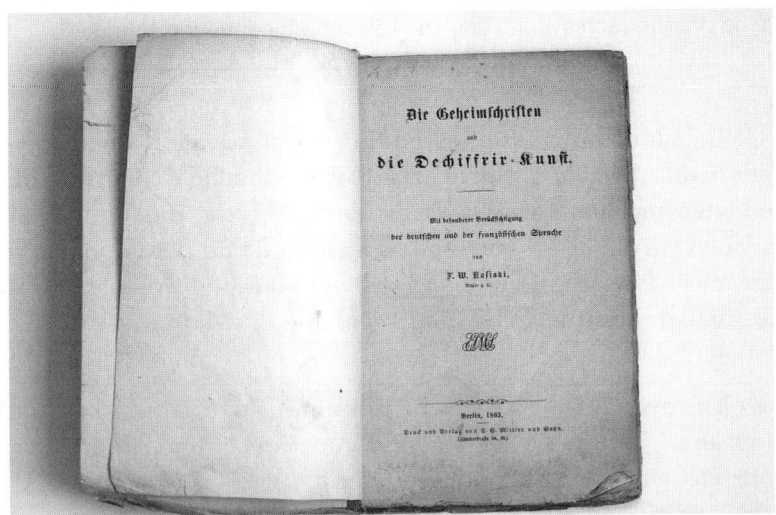

15.3 Ideenklau von Lord Playfair

▓ Wie eine Urheberrechtsverletzung vor 150 Jahren begangen wurde

Charles Wheatstone nutzte für geschäftliche und private Korrespondenz, wie viele andere um 1850 auch, eine einfache, weil schnelle Geheimschrift. Teilten die Beteiligten nicht nur geschäftliche Kontakte oder das Bett miteinander, sondern auch ein Schlüsselwort, so konnten sie damit das Alphabet sehr einfach aber effektiv durchmischen und geheim kommunizieren. Gute Kryptoanalytiker hatten damit jedoch keine Probleme und konnten die Korrespondenz mitlesen.

Stärkere Geheimschriften waren sehr umständlich zu handhaben und daher nur selten in Gebrauch. Wheatstone erfand jedoch 1854 eine einfache und doch sehr viel sicherere Methode. Er brachte die Buchstaben des Alphabets nicht nur durcheinander, er ordnete sie anschließend in einem 5x5 Quadrat in Spalten und Zeilen an (glücklicherweise wurde das J erst später erfunden). Aus jeweils zwei aufeinander folgenden Buchstaben des Klartextes bildete er in diesem 5x5-Quadrat die gegenüberliegenden Ecken eines Rechtecks. Die Buchstaben an den freien Ecken ergaben das verschlüsselte Buchstabenpärchen.

Er zeigte diese geniale Idee seinem Freund Baron Lyon Playfair. Dieser genoss seine Abende in weit feiner Gesellschaft als Wheatstone und die Hoffnung war, dass er ihm half, den Ruhm und die Ehre des britischen Empires zu erlangen. Bei einem Dinner mit Prince Albert, dem Mann von Königin Victoria konnte Playfair auch tatsächlich davon berichten.

Der König war derart angetan von der Einfachheit der Methode, dass er sogleich seinen geheimen Kabinetten auftrug die neue *Playfair-Chiffre* zu verwenden. Ganz gleich, ob Playfair die Namensgebung unterstützte oder nicht, an so etwas gehen Männerfreundschaften zu Grunde.

Abbildung 15-3: *Von Wheatstone unterzeichnetes Dokument mit einem ersten Entwurf »seiner« Playfair-Chiffre*

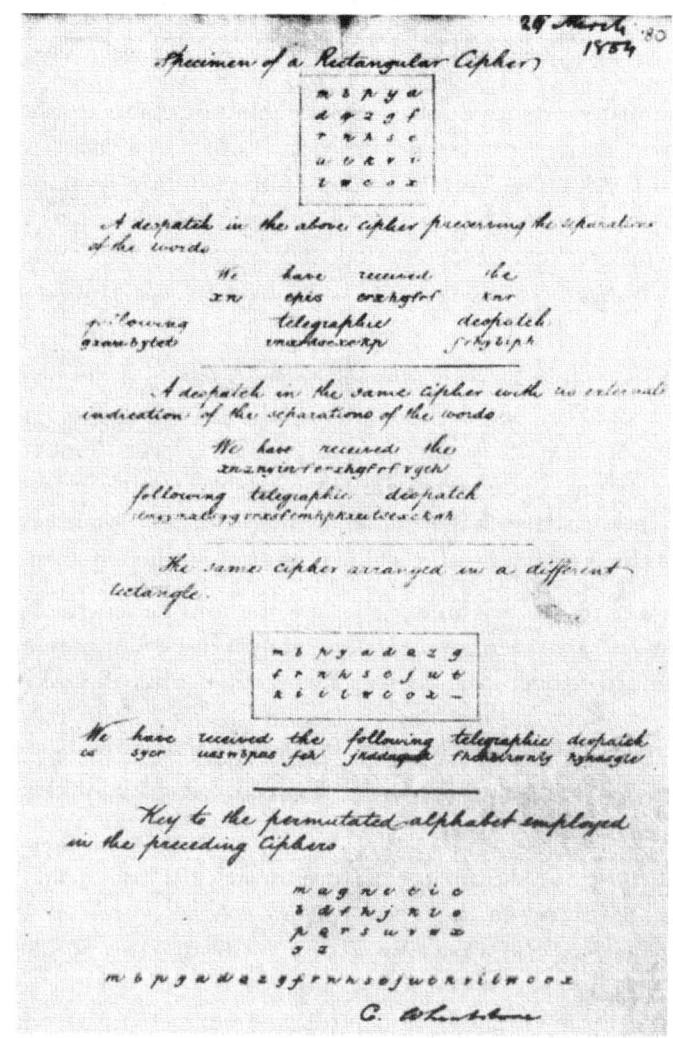

15.4   Deutsches Liedgut

■ Wie man Passwörter besser nicht macht

Das Kriegsministerium des deutschen Staatenbundes brachte 1898 eine aktualisierte Version seiner Anweisung zur »*Geheimschrift innerhalb des Heeres*« heraus. Die neu vorgestellte Verschlüsselung ähnelt dem so genannten Doppelwürfel, den Otto Leiberich, der erste Präsident des BSI, noch 1986 im P.M. Magazin als unknackbar beschrieb. Jedoch nur dann, so führt dieser dort aus, wenn sie richtig angewendet wird, was auch an der Wahl eines sicheren Schlüsselwortes liegt.

Rund 100 Jahre früher, war das dem Kriegsministerium offenbar noch nicht so klar, denn sie schrieben den Soldaten in die Anweisung: *Zum Schlüsseltext empfiehlt sich ein leicht zu behaltender Spruch oder Liedvers.* Ein Vorschlag, der heute schon jedem PC Benutzer die Haare zu Berge stehen lässt, weiß man doch, dass Hacker schon länger denkbar mögliche Schlüsselworte ausprobieren. Und was liegt da näher, als das Liedgut der feindlichen Kameraden.

Es ist daher gar nicht verwunderlich, dass man im nahen Ausland deutsche Funksprüche las. Trotzdem, wunderte man sich in Berlin immer wieder über die guten Informationen, die die Nachbarstaaten über die deutschen Truppenbewegungen hatten. Eine Idee, woran das liegen könnte, hatte man wohl, aber so richtig sicher, war man sich offenbar nicht, denn für eine militärische Anweisung ist die Neuauflage von 1908 recht weich gehalten: *Der Anfang eines Liedes ist zu vermeiden* steht dort.

Es wurde nicht besser, darum entschied man sich 1913, die Soldaten gar nicht erst auf die Idee mit dem Liedvers zu bringen und empfiehlt schlicht *einige leicht zu behaltende Worte*. Erst 1917 kam man drauf, dass Soldaten trotzdem gerne singen und französische Kryptoanalytiker noch lieber deutsche Schellackplatten auf ihren Grammophonen rotieren ließen. Nun wurde die Anweisung erneut geändert, der Zusatz lautet schlicht: *Der Anfang eines Liedes ist verboten.*

Général Cartier, der für die französischen Truppen noch den gesamten ersten Weltkrieg deutsche Verschlüsselungen knackte, berichtete später, dass es ihm half, dass in den letzten Monaten sehr oft der Anfang eines Gedichtes als Schlüsselwort verwendet wurde.

Nun sind Gedichte ja auch irgendwie Lieder, nur ohne Melodie eben. Etwas anderes hätte ich im Land der Dichter und Denker auch nicht erwartet. Vorschrift ist Vorschrift.

Abbildung 15-4: Ausschnitt aus der Dienstanweisung »Anleitung zur Geheimschrift innerhalb des Heeres« von 1913

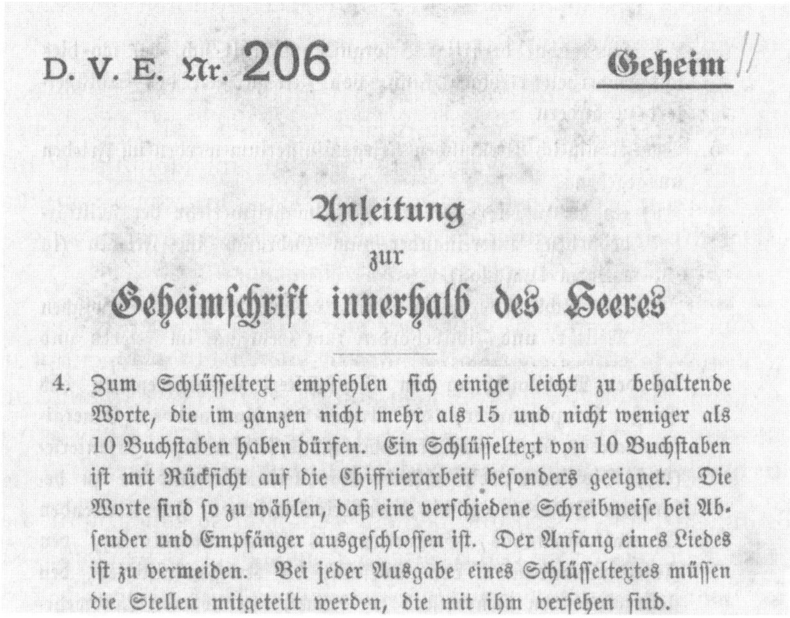

D. V. E. Nr. **206**   **Geheim** //

Anleitung
zur
Geheimschrift innerhalb des Heeres

4. Zum Schlüsseltext empfehlen sich einige leicht zu behaltende Worte, die im ganzen nicht mehr als 15 und nicht weniger als 10 Buchstaben haben dürfen. Ein Schlüsseltext von 10 Buchstaben ist mit Rücksicht auf die Chiffrierarbeit besonders geeignet. Die Worte sind so zu wählen, daß eine verschiedene Schreibweise bei Absender und Empfänger ausgeschlossen ist. Der Anfang eines Liedes ist zu vermeiden. Bei jeder Ausgabe eines Schlüsseltextes müssen die Stellen mitgeteilt werden, die mit ihm versehen sind.

15.5 Kopierschutz für Bücher

▓ Wie früher das Urheberrecht geschützt wurde

Was früher Enzyklopädie hieß, heißt heute Wikipedia. Eine strukturierte Ansammlung an Erklärungen zu nahezu jedem Thema, das einem einfällt. Alleine bei Wikipedia arbeiteten Mitte 2011 rund 90.000 Autoren freiwillig an den rund drei Millionen Artikeln – online und weltweit verteilt.

Als Abraham Rees ab 1802 seine Cyclopedia auf den Markt brachte, konnte er nicht auf eine derart große Community zurückgreifen. Sein 39 Millionen Wörter umfassendes Nachschlagewerk verfasste er zusammen mit rund 100 Gastautoren – allesamt Spezialisten in ihrem Gebiet – innerhalb von knapp 18 Jahren. Die Arbeit war immens und musste gegen Raubkopierer geschützt werden – was bei einem Buch nicht gerade einfach ist.

Die Telekom sah sich in den Neunziger Jahren dem gleichen Problem ausgesetzt, weil ihre Telefonbücher von chinesischen Arbeitern abgetippt und als Daten-CD zum Nachschlagen von nicht autorisierten Anbietern auf den Markt gebracht wurden. Wie sollte unterschieden werden zwischen Anbietern, die die Daten rechtmäßig erworben haben und denen, die das nicht taten?

Die Lösung ist recht einfach und bedient sich einer steganographischen Methode, also dem Verstecken von Information in einem unscheinbaren Kontext. In ein Lexikon wurde einfach eine nicht existente Kleinstadt in Mesopotamien aufgenommen, in ein Telefonbuch ein nicht existenter Hans Meier in Buxtehude. Waren diese auch in der Kopie zu finden, stand die Quelle fest.

15.6   Das griechische Rätsel

▓ Warum die Enigma nie geknackt wurde und es trotzdem jeder glaubt

Das griechische Wort für Rätsel lautet Enigma. Es ist daher keine große Überraschung, dass Arthur Scherbius für seine mechanische Verschlüsselungsmaschine diesen Namen wählte. Der mit der Nummer 387893 im Juli 1926 zum Patent angemeldete Verschlüsselungsapparat birgt selbst heute noch viele Rätsel und Mythen.

Neben unzähligen Büchern hat sogar Hollywood ganze Spielfilme rund um die geheimnisumwitterte Maschine gedreht. Erst als die Briten die Enigma-Funksprüche geknackt haben, sei der Kriegsverlauf zu Gunsten der Alliierten gekippt. Aber das stimmt gar nicht, zumindest nicht ganz. Selbst heute sind viele falsche Behauptungen im Umlauf und noch lange nicht alle Fragen beantwortet. Das sagt der wohl bekannteste Krypto-Historiker David Kahn.

Abbildung 15-5: Die Patentschrift der Enigma

Nach einer wirtschaftlich nutzbaren Verschlüsselungsmethode wurde lange Zeit gesucht. Firmen brauchten die Möglichkeit, ihre Geschäfte, Preise und Vertriebswege vor der Konkurrenz zu schützen und wollten abhörsicher auch über den großen Teich telegrafieren. Scherbius bot eine Maschine an, die die Größe einer Schreibmaschine hatte und aufgrund ihrer Vielzahl an Verschlüsselungsmöglichkeiten nicht zu knacken war. Sein größter Coup gelang ihm allerdings erst, als die Deutsche Wehrmacht auf die Maschine aufmerksam wurde.

Die Enigma war transportabel und somit für die geplanten Kriegsabsichten hervorragend geeignet. Die kommerzielle Variante wurde leicht überarbeitet und so lieferte die Scherbius & Ritter AG noch vor dem Zweiten Weltkrieg mehrere hundert Verschlüsselungsmaschinen an Heer, Luftwaffe und Marine.

In Polen ahnte man bereits, dass im Falle eines Krieges die geografische Lage des Landes problematisch sei. Eingequetscht zwischen Deutschland und Russland wäre dies im Falle eines Krieges bei Leibe keine gute Position. Es war daher von entscheidender Bedeutung, die Funksprüche des westlichen Nachbarn abhören zu können.

Eine Gruppe polnischer Mathematiker – ein Novum, wurden doch bis dahin weitgehend Sprachwissenschaftler mit dem Knacken von Nachrichten betraut – versuchte einen Weg zu finden, mit der Enigma verschlüsselte Nachrichten zu entschlüsseln. Weitgehend erfolglos, obwohl man eine kommerzielle Enigma erworben und ihre Funktionsweise analysiert hatte.

Was den polnischen Mathematikern rund um Marjan Rejewski nicht bekannt war, ist die Tatsache, dass der Kommandant ihrer Einheit über Frankreich an die monatlichen Codebücher kam. Die Polen konnten also schon die ganze Zeit deutsche Funksprüche abhören.

Dem Kommandanten war allerdings auch klar, dass die vom deutschen Spion Hans-Thilo Schmidt gelieferten Codebücher im Falle eines Krieges nicht mehr beigebracht werden konnten. Er befürchtete, dass die Bemühungen seiner Mitarbeiter nicht ganz so stark seien, wüssten sie, dass man die Codebücher besaß und ließ sie daher unwissend an der Entschlüsselung arbeiten.

Nachdem der Zweite Weltkrieg ausgebrochen war, arbeiteten auch die Briten intensiv daran, die Enigma zu knacken. Rejewski und seine Einheit wurde daher nach Bletchley Park gebracht um in dem gut getarnten Areal all ihre bis dahin gefundenen Informationen an Alan Turing weiterzugeben.

Die Informationen waren derart gut, dass es Turing recht bald gelang, mithilfe eines genialen Apparates, der so genannten »Bombe«, Enigma Funksprüche zu entschlüsseln. Sein Name ist bis heute Synonym für das Knacken[43] der Enigma.

Erst später wurde den Historikern klar, dass es eigentlich Rejewski gewesen ist, denn ohne dessen Grundlagen wäre Turing niemals in der Lage gewesen auch nur einen Funkspruch zu entschlüsseln.

Ironischerweise durfte Rejewski bei der Arbeit an den Funksprüchen nicht mitarbeiten. Er wurde dazu verdammt, einfachste Verschlüsselungen, meist völlig unwichtiger Art, zu entziffern. Nur wenige Meilen von Bletchley Park kaserniert empfand er das als unwürdig und war bitter enttäuscht. Die Briten trauten dem Polen nicht und wollten jegliches Risiko ausschließen. Erst vor wenigen Jahren wurde Rejewski eine Statue in seiner Geburtsstadt gewidmet und huldigt ihm nun viele Jahre nach seinem Tod.

Turing blieb der Ruhm zu Lebzeiten ebenso verwehrt wie Rejewski. Als heraus kam, dass er homosexuell ist, war seine Karriere beendet. Dem Arbeitstier wurden Verantwortung und Zuneigung entzogen. Turing nahm sich darauf hin 1954 das Leben.

---

[43] Siehe: »Karotten sind gut für die Augen«

15.7 Karotten sind gut für die Augen

▨ Warum Geheimhaltung so wichtig ist und wie Legenden geboren werden

---

Die Briten hatten das Radar vor den Deutschen erfunden. Sie wussten daher wann die Bomber kamen und konnten neben der Luftabwehr auch die Bevölkerung frühzeitig warnen. Die Erfindung des Radars musste so lange wie möglich geheim gehalten werden, denn ein Nachbau war einfach und der Vorteil gegenüber Nazi-Deutschland groß.

Natürlich fragte sich der Feind schon bald, warum die Briten immer so früh von den deutschen Flugzeugen wussten und es musste eine Erklärung her. Man ließ daraufhin die Aufklärer und Beobachterposten kiloweise mit Karotten versorgen. Normale Dienstanweisungen gaben vor, dass Karotten die Sehkraft verbessern würden und die Beobachter daher fleißig knabbern sollten.

Auch wenn es nicht gelang, dem Feind die Existenz des Radars lange vorzuenthalten, das Märchen, Karotten seien gut für die Sehkraft, hält sich bis heute. Fakt ist jedoch, dass es nichts anderes als eine Legende ist.

Eine weitere große Legende ist es, dass die Briten die Enigma geknackt haben. Tatsache ist jedoch, dass Rejewskis Arbeit die Möglichkeiten der Verschlüsselung nur drastisch eingeschränkt hat. Turing hingegen erfand dann eine geniale Maschine, die alle verbliebenen Möglichkeiten ausprobiert, ähnlich einer heutigen Brute-Force Attacke. Von Knacken, also dem tatsächlichen Einbruch in die Verschlüsselung, die es erlaubt, jeden Chiffriertext in Klartext zu verwandeln, waren sie weit entfernt.

So waren die Briten meist nur in der Lage, am Ende des Tages die gesammelten Funksprüche der letzten Stunden nachzulesen. Ein Mitlesen untertags war nur selten möglich, nur dann nämlich, wenn der Zufall half, aus den verbliebenen Millionen Möglichkeiten, die richtige noch vor Sonnenuntergang zu erwischen.

Oftmals wird erzählt, dass der Gruß an den Führer am Ende jeder Nachricht half, auf die richtige Walzenstellung zu kommen. Auch das gehört in die Welt der Märchen. Sicherlich zwar ein Anhaltspunkt, haben diese wenigen Zeichen aber keinesfalls ausgereicht, die Nachricht zu knacken. Etwas mehr, jedoch letztlich auch nicht ausreichend, half die Tatsache, dass die Enigma einen Buchstaben niemals zu sich selbst verschlüsselte. Es gab also letztlich nicht x^{26}, sondern »nur« x^{25} Möglichkeiten – immer noch viel zu viele Varianten.

Weitaus interessanter waren die Wettermeldungen der deutschen U-Boote. Aus Kreuzpeilungen ziemlich gut lokalisiert schickten die Briten schleunigst ein Aufklärungsflugzeug in dieses Gebiet. Sie späten nicht nur nach dem feindlichen Unterseeboot, sondern auch nach dem Wetter.

Eine Wettermeldung war wichtig für die Marine und wie im Militär üblich waren diese Meldung stark strukturiert und immer gleich aufgebaut. Das wussten die Briten und daher wollten sie wissen, wie das Wetter in dem Gebiet war. So waren sie in der Lage, die Wetter-Nachrichten »nachzubauen« und hatten daher täglich mehrere unterschiedliche Nachrichten im Klartext als auch den passenden, mit der jeweils gleichen Walzenstellung verschlüsselten Text. Das erst ist das Salz in der Suppe jedes Kryptologen.

Aus heutiger Sicht interessant ist, dass die neutrale Schweiz zur Zeit des Zweiten Weltkriegs für Ihre Botschafts-Korrespondenz, als auch beim Militär ebenfalls die Enigma einsetzte. Die K-Serie war zwar nur eine modifizierte Variante der kommerziellen Enigma, trotzdem bot sie vermeintlich ausreichend Sicherheit. Dass die Schweiz mehrere Mathematiker bereits zwischen 1941 und 1943 daran setzte, eine sicherere Maschine zu entwickeln, legt den Schluss nahe, dass sie wussten, dass die Briten mitlesen können. Ihre neue Maschine, folgerichtig NeMa genannt, wurde bis 1976 im diplomatischen Dienst eingesetzt.

Abbildung 15-6: Die Schweizer NeMa

Woher die Schweizer von der Unsicherheit der Enigma wussten, ist unklar. Gerade deshalb, weil Churchill alles daran setzte, niemanden in Kenntnis zu setzen, dass er verschlüsselte deutsche Nachrichten lesen konnte. Er weihte weder seine Verbündeten ein, noch durften mehr als eine handvoll seiner höchsten Generäle davon wissen. Ihm war klar, dass dies ein entscheidender Vorteil in der Strategieplanung des Krieges war.

Obwohl Churchill einmal aus Bletchley Park in Kenntnis gesetzt wurde, dass sich deutsche U-Boote formierten, um einen wichtigen britischen Nachschub-konvoi anzugreifen, entschied er sich, dieses Wissen nicht taktisch zu nutzen. Würde er den Konvoi auflösen oder ihm Verstärkung schicken, wäre den Deutschen klar, dass dies nur durch Abhörmaßnahmen passiert sein konnte. Die deutsche Marine hätte die Verschlüsselung geändert und Churchill wür-de wieder im Dunkeln tappen. Ganz bewusst ließ er daher den Konvoi im Stich. Neben dem Verlust von wichtigem Munitions- und Verpflegungsnach-schub ertranken bei dem Angriff etwa 5.000 britische Soldaten. Churchill war klar: Wer die Münze nimmt, erhält immer beide Seiten.

Heute weiß man, dass die Tatsache, deutsche Funksprüche bis zum Ende des Krieges mitlesen zu können, den Zweiten Weltkrieg um etwa zwei bis drei Jahre verkürzte und somit wohl Millionen Menschen das Leben rettete. Ver-glichen mit unpopulären Management-Entscheidungen in der Wirtschaft, war Churchills Vorgehen sicherlich ein ganz anderes Kaliber.

Stichwortverzeichnis